区块链+产业应用系列丛书

区块链+农业

原理、模型与应用

胡鸿雁　李军 ◎ 编著

清华大学出版社

北京

内 容 简 介

区块链能够保证数据可信共享，从而提高协同效率、降低沟通成本，使得离散的、多环节的多方达成共识，有效合作。本书以农业作为区块链应用场景研究的出发点和落脚点，总结了区块链技术的原理，阐述了区块链与农业相结合的模型，并着重介绍了基于区块链的食品质量监督与农产品供应链、基于区块链的农业农村信用与金融创新、基于区块链的减灾与农业保险创新，以及区块链与智慧农业技术相融合的技术支撑体系，结合区块链理念与农业农村发展实践，对区块链＋农业的原理、模型和应用实践作了简明介绍，为区块链在智慧农业建设中发挥应有作用，提供了可资借鉴的创新路径。

本书内容丰富，阐释清晰，案例翔实，适合涉农领域企业高管人员、政府管理人员、科研教育人员，金融领域、大健康领域的从事人员，以及对农业领域区块链应用情况感兴趣的人员阅读。

图书在版编目（CIP）数据

区块链＋农业：原理、模型与应用 / 胡鸿雁，李军编著 . —北京：清华大学出版社，2021.6

（区块链＋产业应用系列丛书）

ISBN 978-7-302-58289-2

Ⅰ . ①区… Ⅱ . ①胡… ②李… Ⅲ . ①区块链技术－应用－农业 Ⅳ . ① S126-39

中国版本图书馆 CIP 数据核字 (2021) 第 104768 号

责任编辑：秦　健
封面设计：杨玉兰
版式设计：方加青
责任校对：徐俊伟
责任印制：刘海龙

出版发行：清华大学出版社
　　　　　网　　　址：http：//www.tup.com.cn，http：//www.wqbook.com
　　　　　地　　　址：北京清华大学学研大厦 A 座　　　邮　　编：100084
　　　　　社 总 机：010-62770175　　　邮　　购：010-83470235
　　　　　投稿与读者服务：010-62776969，c-service@tup.tsinghua.edu.cn
　　　　　质 量 反 馈：010-62772015，zhiliang@tup.tsinghua.edu.cn
印 装 者：天津安泰印刷有限公司
经　　销：全国新华书店
开　　本：170 mm×240 mm　　　印　　张：13　　　字　　数：187 千字
版　　次：2021 年 7 月第 1 版　　　印　　次：2021 年 7 月第 1 次印刷
定　　价：49.00 元

产品编号：087766-01

序一

习近平总书记在中共中央政治局集体学习时强调，区块链技术的集成应用在新的技术革新和产业变革中起着重要作用。我们要把区块链作为核心技术自主创新的重要突破口，明确主攻方向，加大投入力度，着力攻克一批关键核心技术，加快推动区块链技术和产业创新发展。总书记对区块链的发展寄予厚望，学界和业界更当理性认识和引导区块链技术创新路线，以求促进国内区块链技术蓬勃发展。

从学术意义上看，区块链技术逻辑的本质，是通过共识机制和通证机制，辅以密码学等多学科交合应用，以低效率、高损耗产生稳固性、一致性，确保数据连接和物理连接的可靠。因此，区块链科学体系和区块链技术集群存在映射关系，即科学基础的拓展可以支撑区块链技术集群的扩展，区块链技术集群的扩展也会反作用于科学基础的深化。而区块链去中心化及分布性一致的技术体系结构，也的确为物质世界的数字表达提供了更多观察视角，因而蕴含演化不同类型技术生态的可能。

从经济意义上看，现阶段区块链技术对于多元异构数据、高频低值数据等尚不具备经济处置能力，其现实意义和作用更多体现在对社会契约履行、资源配置效率、产业互联生态、市场竞争秩序等进行补充性校验和修正，但对于需要在时间流中沉淀的事件档案，区块链无疑提供了非常合适的工具，尤其在征信体系缺失的中国更易引起需求共鸣，从而引发庞大的供给动机。

研究区块链技术在社会治理和产业演进的价值传递和迁移规律，可以为区块链技术应用提供更为多元纵深的应用场景和路径选择。

本书构建了与国情相适应的技术路线和研究起点，展示了区块链和产业链特别是农业产业链相融合的实验性价值溢出效用。探求区块链技术应用于农业领域的诸多场景建设，借助通证共识和智能合约，可以一定程度纾解社会治理和市场运行中的趋势预判、科学决策、商业应用等信息不对称和信息碎片化问题，有效避免传统供应链运营的制度性时延、经营性成本和人为性失误，也可为金融机构特别是银行业和保险业实现高效率、低成本的征信基础和价值释放，还包括在知识产权保护及交易等领域的可持续业务衍生和拓展。

作为数字革命中相对独立的一项技术应用，区块链并不能独立解决所有基于通证机制产生的信任共识问题，对于超越现有科学认知的研判和期待，也许并不利于区块链技术的学术研究和实践应用，唯有清源正本，因势利导，才能使区块链技术更好地服务于系统创新，服务于社会进步，服务于人类福祉。

探索与共享，一直是科学精神所在。新著付梓，既是学者初心，也是社会所愿，谨致鸿雁博士和李军先生，秉持理性之炬，点亮理想之光，同以飨之，异以鉴之。

中国工程院院士

2021 年 5 月 15 日

序二

当前，区块链已经成为一种构建信任的新兴信息技术，通过深度融合密码学、对等网络、共识算法、智能合约等技术进行集成创新，能够实现更广泛的社会协作，降低社会的信用成本。近年来，区块链领域的技术创新成果不断涌现，自主研发能力不断加强，核心技术发展迅速，世界主要发达国家都将区块链列为优先发展战略。

2019 年 10 月中共中央政治局集体学习区块链技术之后，区块链上升为国家战略。习近平总书记指出，要把区块链作为核心技术自主创新的重要突破口，明确主攻方向，加大投入力度，着力攻克一批关键核心技术，加快推动区块链技术和产业创新发展。2020 年 5 月教育部发布《高等学校区块链技术创新行动计划》的通知，要求推动若干高校成为我国区块链技术创新的重要阵地，一大批高校区块链技术成果为产业发展提供动能，有力支撑我国区块链技术的发展、应用和管理。2021 年我国已有 20 多个省（自治区、直辖市）将区块链写入年度政府工作报告，区块链技术研发与应用需求旺盛。区块链技术已经在工业、农业、政务、商务、民生、金融等领域的应用全面展开。

区块链是随着比特币等加密数字货币的发展而出现的一种全新的去中心化基础架构与分布式计算范式。区块链技术经历了以可编程数字货币体系、可编程金融系统和可编程社会为主要特征的不同阶段。区块链技术已经在数字货币、供应链管理、司法存证、物联网、智能制造、数字资产交易等多个领域取得重要进展。

在农业方面，2020 年农业农村部办公厅印发《2020 年乡村产业工作要点》，提出要"以信息技术带动业态融合，促进互联网、物联网、区块链、人工智能、5G、生物技术等新一代信息技术与农业融合"，加快区块链在农村农业发展中的应用。

《区块链+农业：原理、模型与应用》系统介绍了区块链农业方面的最新实践和取得的成果。从智慧农业发展现状、农产品安全与溯源的需求、农业供应链金融、农业保险互助和农村信息化等方面介绍了区块链的具体应用模式和实际案例，是区块链在农村农业发展中应用的重要参考书和技术资料。

国家"十四五"规划和2035年远景目标纲要已经将区块链列为数字经济重点产业，为我们描绘了未来五年区块链技术在多个领域的应用前景和巨大发展蓝图，区块链产业迎来了重大的历史发展机遇。本书的出版将为区块链农业的发展注入活力。

中央财经大学教授　朱建明

2021 年 4 月 7 日

前言

2019 年 10 月 24 日，中共中央总书记习近平在主持中共中央政治局学习区块链技术发展现状和趋势时强调，区块链技术的集成应用在新的技术革新和产业变革中起着重要作用。随后的 2020 年与 2021 年，全国多地发布了区块链行动计划或规划，鼓励区块链和实体经济深度融合，发挥促进数据共享、优化业务流程、降低运营成本、提升协同效率的重要作用。

区块链技术的创新在于其技术的集成创新，更在于其去中心化的账本理念的创新。区块链能够保证数据可信共享，从而提高协同效率、降低沟通成本，使得离散的、多环节的多方能够达成共识，有效合作。人们不断探索适合区块链技术的各类应用场景，同时在这个进程中，为了满足不断涌现的新需求，区块链技术本身也有了更多长足进步。

《国民经济和社会发展第十四个五年规划与 2035 年远景目标纲要》指出："完善农业科技创新体系，创新农技推广服务方式，建设智慧农业。"这是我们选择农业作为区块链应用场景研究的出发点和落脚点。本书总结了区块链技术的原理，阐述了区块链与农业相结合的模型，并着重介绍了基于区块链的食品质量监督与农产品供应链、基于区块链的农业农村信用与金融创新、基于区块链的减灾与农业保险创新，以及区块链与智慧农业技术相融合的技术支撑体系，结合区块链理念与农业农村发展实践，对区块链＋农业的原理、模型和应用实践作了简明介绍，为区块链在智慧农业建设中发挥应有作用，提供了可资借鉴的创新路径。

本书初稿完成于 2019 年，成书于 2020 年疫情期间，作为区块链技术在农业领域探索的总结，本书难免有不足与遗憾，随着实践工作的深入推进，我们会努力对书中的内容加以完善和丰富。

作者

2021 年 3 月

马克思指出："过程越是按社会的规模进行，越是失去纯粹个人的性质，作为对过程的控制和观念总结的簿记就越是必要；因此，簿记对资本主义生产，比对手工业和农民的分散生产更为必要，对公有生产，比对资本主义生产更为必要。"（引自《资本论》第二卷）。

目录

第 1 章

顺势而为：区块链的兴起与未来之路

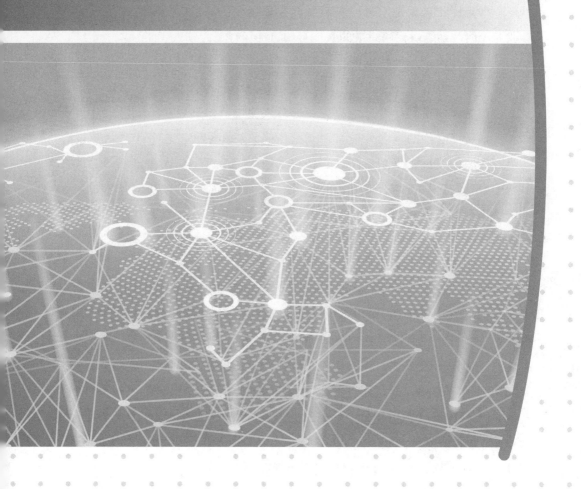

1.1　区块链的概念和特征

区块链（Blockchain）是基于密码学的分布式账本系统，具有去中心化、开放性、匿名性、信息不可篡改等特点。区块链的主要技术优势包括：一是解决传统中心化的信任机制问题，区块链中没有中心节点，所有节点都是平等的，通过点对点传输协议达成整体共识；二是数据安全且无法篡改，每个区块的数据都会通过密码算法加密，并分布式同步到所有节点，确保任一节点停止工作都不会影响系统的整体运作；三是以智能合约方式驱动业务应用，系统由代码组成的智能合约自动运行，无须人工干预。

智能合约是一种特殊的计算机合同协议，使用信息化的方式传播、执行和验证，整个过程都通过计算机来实现。智能合约的概念于 1994 年由计算机科学家和密码学专家尼克·萨博首次提出，但是受限于当时的计算机技术，智能合约的概念并没有得到太多的关注和回应，在多年之后也没有得到太多的发展。直到应用区块链技术的比特币诞生，人们才逐渐尝试将智能合约与区块链结合起来，基于分布式、去中心化的区块链技术，实现一个不受第三方控制且能自动执行的智能合约环境。区块链技术利用智能合约等手段保证交易多方能够完成约定义务，确保交易安全，降低信用风险，为区块链提供了可编程能力。

学界一般认为区块链技术（见图 1-1）起源于比特币，比特币是一种点对点的电子现金系统，由中本聪（Satoshi Nakamoto）于 2008 年设计开发。这是一个分布式系统，其价值流通媒介是虚拟的加密数字货币：比特币。比特币的发行和流通不受任一中心机构控制，只要有算力并接入互联网，就可以参与其中。其代码开源，由全世界极客组成的 Bitcoin Core 核心开发者在 GitHub（源码托管仓库）上共同维护更新，在 GitHub 上有 4 万多人收藏，代码被分叉（fork）24 000 多次。比特币是密码学和经济学的集大成者，让人类第一次自己掌握了自己的数据主权。

图 1-1　区块链技术

区块链的诞生，标志着人类开始构建真正的信任互联网。区块链提供了一种新型的社会信任机制，为数字经济的发展奠定了新基石，"区块链＋"应用创新，昭示着产业创新和公共服务的新方向。

区块链本质上不是一种全新的技术，而是多种信息技术的综合，是全新思维模式下的技术融合创新，是一套集合了应用数学、密码学、网络技术、数据技术和安全技术等多学科、多门类技术的完整体系，在数据保护（数据的完整性保护、数据池的完整性保护、源数据的确认）、数据确权、个人隐私保护、个人和企业信用评价等多个领域和方面具有强大的功能，体现出了其他技术所达不到的效果。区块链是一个新型的分布式架构和新型的计算范式，在它之上可以结合各种技术构建新型的业务系统。区块链基础设施在各种应用系统之下，具有基础性和支撑性。各种人、机、物和各主体间的对应关系映射到区块链上，建立可信的区块链基础设施。

目前，区块链已经引起世界主要国家政府和机构的重视，逐步从金融行业延伸到供应链、征信、产品溯源、电子证据等领域，推动着"信息互联网"向"价值互联网"变迁，在全球范围引起一场新的技术革新和产业变革。

1.2　深远政治背景和重大战略背景

　　世界正在进入以信息产业为主导的数字经济发展时期，各国都在积极向数字化、网络化、智能化转型。数据已成为关键生产要素，数据运用能力日益成为衡量国家竞争力的关键因素。作为数字经济时代的前沿技术，区块链能充分发挥数据作为数字经济关键要素的重要价值，已经成为大国博弈的重点领域。在全球区块链技术标准尚未统一，产业化进程处于早期阶段的当下，全球主要国家都在积极加快布局区块链，抢占新一轮产业创新的制高点以强化国际竞争力。

　　2016 年，第四十六届世界经济论坛达沃斯年会将区块链与人工智能、自动驾驶等一并列入"第四次工业革命"。随着区块链技术的快速发展和价值显现，区块链应用从加密数字货币领域，逐步向金融、供应链、工业制造、公益等领域扩展。世界各国政府及监管部门对区块链技术的态度从观望转向鼓励，并重视区块链技术的创新开发，鼓励区块链赋能产业应用，加快区块链落地步伐。ReseachMarkets 预测，到 2022 年，全球区块链市场规模将达到 139.6 亿美元，2017—2022 年，市场年复合增长率将达到 42.8%。

　　美国、英国、澳大利亚、韩国及欧盟等均在积极发展区块链产业，推进区块链技术研究与应用探索，并陆续制定了区块链监管方面的法规。2018 年 6 月，日本政府推出了沙盒制度，加快推出新的商业模式和创新技术，如区块链、人工智能和物联网；2018 年 12 月，欧洲议会呼吁采取措施促进贸易和商业区块链的采用；2019 年 1 月，韩国政府将区块链技术纳入其"研究与开发税收减免中增加了 16 个领域"之一，以促进区块链技术创新；2019 年，德国政府出台了区块链战略，在金融领域创新应用、技术创新与应用试验、清晰可靠的投资框架、行政服务领域的技术应用、区块链信息与知识教育培训等五个方面给出具体的行动指南，促进区块链的快速发展，抢占区块链发展的先机；2019 年 3 月，澳大利亚政府公布了一项国家区块链路线图战略，重点关注政策领域，包括监管、技能和能力建设，以及创新、投资、国际竞争力和合作等。

2019 年 7 月，美国参议院商业、科学和运输委员会批准了《区块链促进法案》，该法案要求在联邦政府层面成立区块链工作组，推动区块链技术定义及标准的统一，以及区块链在非金融领域更大范围的应用，从而促进区块链技术创新和保持美国高新技术在全球的领先地位。2020 年以来，新加坡政府出台新法案允许全球加密公司在新加坡当地扩展业务；日本金融监管机构宣布启动其全球区块链治理倡议网络，旨在促进"区块链社区的可持续发展"。

据统计，截至 2019 年 8 月，全球各国政府推动的区块链项目高达 154 项，荷兰、韩国、美国、英国、澳大利亚项目数量位居前五名，涉及金融业、政府管理、大数据、投票、政府采购、不动产登记、医疗健康等众多领域。截至 2019 年 8 月，全球区块链企业数量达到 2450 家，加密货币领域企业数量占比为 37%，23% 的企业专注于区块链技术研发，互联网和金融业是区块链技术应用最多的两个领域，如图 1-2 所示。

资料来源：中国信通院

图 1-2　截至 2019 年 8 月全球区块链应用领域分布占比

目前，区块链已经成为全球各国竞相布局的前沿科技产业，美国、德国、英国、日本等发达国家正加速打造以区块链为核心的新兴经济形态。据统计，我国从事区块链技术创新和服务的企业接近 1500 家，围绕政务、民生、能源、金融、供应链等领域，披露的案例累计超过 1000 例，处于全球领先位置。

面对全球区块链发展的形势，我国也在积极开展区块链技术的研发，并出台相关的政策，积极推进区块链的应用开展，并取得了良好的成效。2019 年 2 月，国家互联网信息办公室发布了《区块链信息服务管理规定》，规范和鼓励我国区块链行业的发展，为区块链信息服务的建设、使用、管理等提供有效的法律依据。北京、上海、江苏、湖南、浙江等省市也都发布了区块链相关政策法规，促进区块链的发展。

2019 年 10 月 24 日，中共中央政治局就区块链技术发展现状和趋势进行第十八次集体学习。中共中央总书记习近平在主持学习时强调，区块链技术的集成应用在新的技术革新和产业变革中起着重要作用。我们要把区块链作为核心技术自主创新的重要突破口，明确主攻方向，加大投入力度，着力攻克一批关键核心技术，加快推动区块链技术和产业创新发展。会议指出，区块链技术应用已延伸到数字金融、物联网、智能制造、供应链管理、数字资产交易等多个领域。目前，全球主要国家都在加快布局区块链技术发展。我国在区块链领域拥有良好基础，要加快推动区块链技术和产业创新发展，积极推进区块链和经济社会融合发展。

在此次集体学习中，习近平总书记对我国的区块链发展提出了更高的要求：国际竞争方面，要努力让我国在区块链这个新兴领域走在理论最前沿、占据创新制高点、取得产业新优势；提升国际话语权和规则制定权；国内社会治理方面，要发挥区块链在促进数据共享、优化业务流程、降低运营成本、提升协同效率、建设可信体系等方面的作用，例如推动供给侧结构性改革、实现各行业供需有效对接；加快新旧动能接续转换、推动经济高质量发展。

据统计，截至 2019 年 8 月，我国区块链企业数量占全球区块链企业数量的 20.4%，仅次于美国。2013 年以来，我国的区块链专利申请数量呈快速增长的态势，占全球总量的一半以上，但大多处于审查阶段，授权专利多为实用新型、边缘性专利。2019 年 2 月 15 日，《区块链信息服务管理规定》正式实施以来，国家互联网信息办公室依法依规组织开展备案审核工作，2019 年 3 月 30 日发布第一批共 197 个境内区块链信息服务名称及备案编号，

2019 年 10 月 18 日公开发布第二批共 309 个境内区块链信息服务名称及备案编号，大部分为银行、金融服务机构或信息科技类公司。

1.3 现实科创需求和迫切市场需求

2020 年 9 月，习近平总书记在科学家座谈会上指出，坚持面向世界科技前沿、面向经济主战场、面向国家重大需求、面向人民生命健康，不断向科学技术广度和深度进军。当前，我国发展面临的国内外环境发生深刻复杂变化，经济社会发展和民生改善比过去任何时候都更加需要科学技术解决方案，都更加需要增强创新这个第一动力。在激烈的国际竞争面前，在单边主义、保护主义上升的大背景下，必须加快解决制约科技创新发展的关键问题，特别是要把原始创新能力提升摆在更加突出的位置，努力实现更多"从 0 到 1"的突破，走出一条适合我国国情的科技创新道路。

中国信通院发布《中国数字经济发展白皮书（2020 年）》显示，2019 年我国数字经济增加值规模达到 35.8 万亿元，占我国 GDP 比重达到 36.2%。伴随数字经济规模不断扩大，数据产业链形成，数据价值化背后的信任机制变得日益重要。市场研究机构 IDC 发布的《全球半年度区块链支出指南》预测，2023 年中国区块链市场支出规模将达到 20 亿美元，区块链市场支出将呈现强劲的增长态势，2018—2023 年的年复合增长率有望达到 65.7%。

未来，区块链技术将是和互联网一样重要的基础信息技术。麦肯锡研究报告指出，区块链技术是继蒸汽机、电力、信息和互联网科技之后，目前最有潜力触发第五轮颠覆性革命浪潮的核心技术。在中美贸易摩擦的大背景下，中国企业越来越强调对最核心硬技术的掌控，引领科技创新发展；政府政策层面，更加鼓励企业进行区块链核心技术的自主创新，提升区块链的科技创新水平。2020 年以来，我国提出加强新型基础设施建设，主要指基于新一代信息技术演化生成的基础设施，比如，以 5G、物联网、工业互联网、卫星互联网为代表的通信网络基础设施，以人工智能、云计算、区块链等为代表的新技术基础设施，以数据中心、智能计算中心为代表的算力基础设施等。

区块链的价值在于与其他行业的融合发展，解决其他行业现存的问题，推动区块链与实体经济融合。充分发挥区块链在促进数据安全共享、优化业务流程、降低运营成本、提升协同效率、建设可信体系等方面的作用，积极培育新业态、新模式。区块链技术应用方面已取得一定成绩，与大数据、物联网、云计算、人工智能等领域紧密融合，已在金融、医疗、能源等多领域广泛应用，一定程度上支撑实体经济发展。加快推进区块链技术与经济融合发展，一方面，可继续拓宽区块链技术在经济社会领域的应用范围，为进一步推广技术发展提供创新发展的现实基础；另一方面，亦将推动我国经济发展动能转变，以科技创新引领经济发展。

区块链可赋能我国高质量发展，在数据驱动的数字经济系统之上增加价值驱动，让经济系统运行更加完整、科学、透明和公平。区块链和物联网、人工智能的融合发展，将进一步让万物互联、人机模糊场景下的经济网络系统，流动着数据和价值混合的经济血液，实现物质生产和精神生产、实体经济和数字经济的生态融合，赋予数字经济新动能。区块链在优化业务流程、降低运营成本、提升协同效率、建设可信体系等方面具有积极作用。随着区块链技术广泛应用于金融服务、供应链管理、文化娱乐、智能制造以及教育就业等经济社会各领域，必将推动区块链和实体经济深度融合，为推进供给侧结构性改革、实现各行业供需有效对接提供服务，为加快新旧动能转换、推动经济高质量发展提供支撑。

我国区块链建设速度正在不断加快，仅 2019 年 11 月全国各地就出台了 36 项区块链政策。全国各省市自治区合计已发布数百则区块链相关政策，其中 70% 政策鼓励区块链技术发展，为区块链技术和产业发展营造了良好的政策环境。2020 年，湖南、贵州、海南等多地省级区块链政策规划密集出台，与此同时，区块链在两会上也成为最热的词汇之一，相关的提案和观点达 60 余条，相比往年增加一倍，中国区块链迎来难得的发展机遇。

第 2 章

区块链核心技术原理及应用

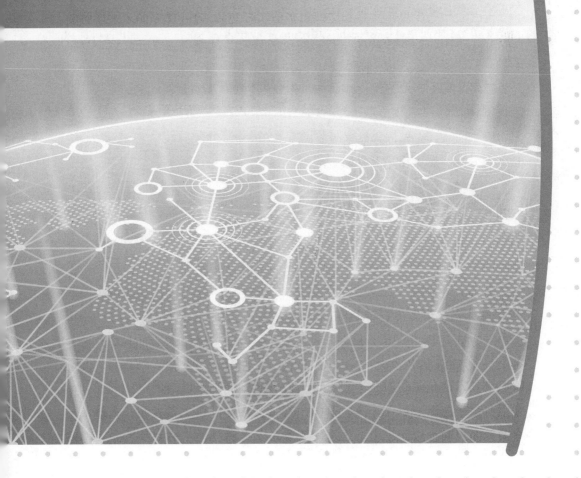

2.1 区块链发展现状

公有链数据由所有节点共同维护，每个参与维护的节点都能复制获得一份完整记录的副本，可以实现在没有中央权威机构的弱信任环境下，分布式地建立一套信任机制，保障系统内数据公开透明、可溯源和难以被非法篡改，因此在金融等领域广受追捧。截至 2019 年 4 月，全球范围内的公有链项目超 400 个，其中实际主网上线的公有链大约有 100 个。由于地址是公有链触发交易、合约的起点，因此链上活跃地址体现了公有链用户的参与量和参与活跃度。从 24 小时链上活跃地址数量看，比特币占据 80 万个，居于首位，以太坊占据 20 万个，居于次位。

比特币的点对点电子现金系统是公有链底层平台的成功尝试，所有节点对等且都运行同样的节点程序。比特币的节点程序总体上分为两部分：一部分是前台程序，包括钱包或图形化界面；另一部分是后台程序，包括挖矿、区块链管理、脚本引擎及网络管理等。

2014 年出现的以太坊（见图 2-1）是一个多层的、基于密码学的开源技术协议。作为区块链与智能合约的完美结合，它的不同功能模块通过设计进行了全面整合，成为创建和部署多中心化应用的综合平台。以太坊拥有一套完整的、可以扩展其功能的工具，通过工作量证明机制实现共识、由矿工挖矿，通过 P2P 网络广播协议来实现对区块链的同步等操作。以太坊不同于比特币的是，以太坊可以任意编写智能合约，通过智能合约实现强大的功能，实现多中心化应用的开发。在以太坊上部署的智能合约运行在以太坊特有的虚拟机上，通过以太坊虚拟机和 RPC 接口与底层区块链进行交互。

图 2-1　以太坊平台

　　联盟链是指若干个机构共同参与记账的区块链，即联盟成员之间通过对多中心的互信来达成共识。联盟链只允许系统内的成员节点进行读写和发送交易，并且共同记录交易数据。联盟链作为支持分布式商业的基础组件，更能满足分布式商业中的多方对等合作与合规有序发展要求。

　　2015 年 12 月，Linux 基金会发起了 Hyperledger 开源区块链项目，着重于发展跨行业的联盟链平台。Hyperledger 分别提出了 Fabric、Sawtooth、Iroha、Burrow 和 Indy 等多个联盟链平台，以适应不同的需求和场景。Hyperledger Fabric 应用最为广泛，它采用了合约执行与共识机制相分离的系统架构，模块化地实现了共识服务、成员服务等服务的即插即用。Hyperledger Sawtooth 基于 Intel SGX（software guard extensions）可信硬件实现了经历时间证明共识机制，相对于 PoW 共识，其无须挖矿且出块间隔更短。Hyperledger Iroha 主要针对移动应用，其实现了基于链复制（chain replication）的共识机制 Sumeragi。Hyperledger Burrow 集成了以太坊虚拟机并可运行以太坊智能合约，其使用了 Tendermint 共识机制。Hyperledger Indy 是基于区块链的多中心的数字身份平台，其使用了 RBFT（redundant byzantine fault tolerance）共识机制。

2016 年 4 月，R3 金融区块链联盟（https：//www.r3.com）提出了 Corda 平台（见图 2-2），着重服务于受监管的金融行业，强调业务数据仅对交易双方及监管可见的数据隐私性，反对数据全网广播及每个节点拥有全部数据。Corda 自称是受到区块链启发的分布式账本，在技术架构上有许多特色与创新。

图 2-2　Corda 平台的官方网站

2016 年 9 月，摩根大通提出了基于以太坊构建的企业级区块链平台 Quorum，通过分别处理公有交易和私有交易实现了交易和合约的隐私保护，并用 Raft 共识替换了以太坊的 PoW 共识。2017 年 2 月，企业以太坊联盟（Enterprise Ethereum Alliance，EEA）成立，旨在合作开发标准和技术以拓展以太坊适用于企业级应用，Quorum 即 EEA 的技术参考实现。

Chain Core 是由 Chain 公司提出的企业级区块链平台，主要专注于金融行业的数字资产服务，基于 Chain Protocol 实现了资产的发行、传输和控制。MultiChain 是由 Coin Sciences 公司提出的企业级区块链平台，兼容于比特币系统，侧重于数字资产类应用，可快速部署在 Windows、Linux 和 Mac OS 等多种操作系统。

Ripple（见图 2-3）是瑞波公司提出的基于分布式账本的实时跨境支付

网络，通过 ILP（interledger protocol）协议实现了不同账本与支付系统间的互联。BigchainDB 是由 BigchainDB 公司提出的可扩展的区块链数据库，既拥有高吞吐量、低延迟、大容量、丰富查询和权限等分布式数据库的优点，又拥有多中心化、不可篡改、资产传输等区块链的特性，因此被称为在分布式数据库中加入了区块链特性。Ripple 构建于 2012 年，它采用联合共识机制并由金融机构扮演做市商，从而提供去中心化的跨境外汇转账。银行间的交易支付信息上传到节点服务器后经过投票确认即可完成交易，从而节约了银行通过 SWIFT 进行的对账和交易信息确认时间，将原本 1～3 天的交易确认时间缩短到几秒，整体的跨境电汇时间缩短到 1～2 天。Ripple 目前已经有 90 家金融机构成员，包括加拿大皇家银行、渣打银行、西太平洋银行等。

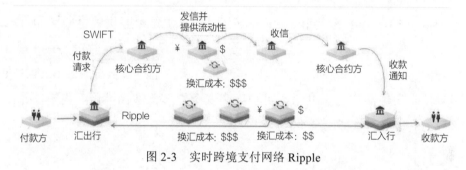

图 2-3　实时跨境支付网络 Ripple

2017 年 7 月，微众银行、万向区块链和矩阵元联合提出了开源企业级区块链平台 BCOS（见图 2-4），为了适用于企业级应用，在以太坊基础上加入了 CA 身份认证、PBFT 共识机制、隐私保护等组件，在国内率先应用于金融领域并取得了商用实践成果。随后，又联合金链盟提出了着重于解决金融行业高频交易、安全性及合规方面需求的 BCOS 分支版本 FISCO BCOS，目前已有数十家企业基于 FISCO BCOS 平台开发相应技术应用，聚焦区块链应用场景的落地，在供应链、票据、数据共享、资产证券化、征信、场外股权市场等场景进行实践。

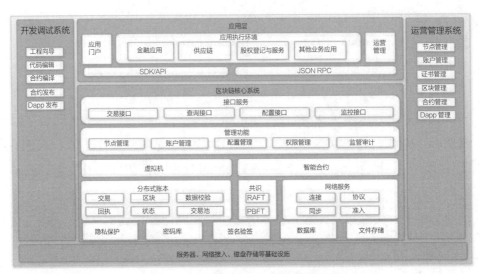

图 2-4　区块链平台 BCOS 的整体架构

始于 2015 年 3 月的 Bubichain 则依靠同构 / 异构区块链之间可相互操作及通信的跨链服务，双层多态的主子链体系，横向提高区块链的吞吐量；结合同态隐藏、零知识证明等密码学技术，保护用户隐私；通过 Bubi-BFT 新算法，实现高交易吞吐量、可扩展和安全性，打造高性能、高扩展、高可用的商用级区块链底层平台。

2.2　区块链核心技术

2.2.1　点对点分布式技术

P2P（Peer-to-peer networking，对等网络或者点对点网络）是一种在对等节点之间分配任务和工作负载的分布式应用架构，是对等计算模型在应用层形成的一种组网或网络形式。此网络中的参与者既是资源、服务和内容的提供者，又是资源、服务和内容的获取者。点对点分布式技术通过在多节点上复制数据，增加了防故障的可靠性，并且在纯 P2P 网络中，节点不需要依靠一个中心索引服务器来发现数据，系统也不会出现单点崩溃。

2.2.2　非对称加密技术

非对称加密算法是一种密钥的保密方法。非对称加密算法需要两个密钥：公开密钥（public key，简称公钥或 PK）和私有密钥（private key，简称私钥或 SK）。公钥与私钥是一对，公钥用来加密或验证签名，私钥用于解密或签名，只有解密者知道。两个密钥之间，不能从公钥推算出其私钥，用公钥加密的数据只能使用对应的私钥解密，用私钥签名的数据只能使用对应的公钥验证。

用户 A 使用用户 B 的公钥对明文 P 进行加密得到密文 C，用户 B 用自己的私钥对 C 解密得到明文 P。非对称密码系统与对称密码系统相比，不仅具有保密功能，同时能实现密钥分发和身份认证功能。基于数字签名的身份认证是非对称密码系统的典型应用。在这一过程中，首先用户 A 采用自己的私钥对消息 M 进行签名得到 S，随后用户 B 用 A 的公钥对 M、S 进行验证，来判断 S 是否为 A 对 M 的签名。在一个典型的通信系统中，消息 M 是用户 B 发给 A 的一个随机数，如果 A 能够用 M 和自己的私钥计算出正确的签名 S，并通过 B 的验证，则 B 可以确认 A 的身份，否则 B 将拒绝与 A 进行后续的通信。

非对称加密算法将加密和解密能力分开：多用户加密的结果由一个用户解密，可用于在公共网络中实现保密通信；单用户签名的信息可由多用户验证，可用于实现对用户的身份认证。

加解密算法类型如表 2-1 所示。

表 2-1　加解密算法类型

算法类型	特点	优势	缺陷	代表算法
对称加密	加解密的密钥相同	计算效率高、加密强度高	需要提前贡献密钥，易泄密	DES、3DES、AES、IDEA
非对称加密	加解密的密钥不相关	无须提前贡献密钥	计算效率低，存在中间人攻击的可能性	RSA、Elgamal、椭圆曲线系列算法

2.2.3 哈希算法

哈希算法（Hash Algorithms）也称为散列算法、杂凑算法或数字指纹，它是可以将任意长度的消息压缩为一个固定长度的消息的算法。哈希算法是区块链技术体系的重要组成部分，也是现代密码学领域的重要分支，在身份认证、数字签名等诸多领域有着广泛的应用，深刻理解哈希算法原理，对于区块链系统的设计与实现有着至关重要的作用。密码学研究技术热点如图 2-5 所示。

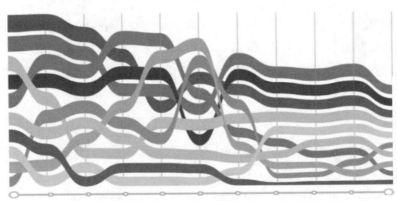

椭圆曲线
哈希函数
公钥
数据安全
密钥分配
加密
访问控制
数据隐私
网络安全
电子签名

2009 2010 2011 2012 2013 2014 2015 2016 2017 2018 2019

资料来源：清华大学人工智能研究院《区块链发展研究报告 2020》

图 2-5　密码学研究技术热点

哈希算法可以在极短的时间内，将任意长度的二进制字符串映射为固定长度的二进制字符串，将输出值称为哈希值（Hash Value）或者数字摘要（Digital Digest）。一般而言，哈希函数的数学表达形式如下：

$$h = H(m)$$

其中，m 表示任意长度的输入消息，H 表示哈希函数的运算过程，h 表示固定长度的输出哈希值。将任意消息的二进制编码经过哈希函数的计算后，可以得出 n 比特的一个 0、1 字符串的哈希值，不同算法中的 n 取值可能不同，例如 128、160、192、256、384 或 512 等长度。哈希算法在区块链技术中得到了广泛应用，各个区块之间通过 Hash 指针连接形成区块链，每个区块的完整性检验将以 Hash 运算的方式进行。

密码学哈希算法的主要特性就是单向性。即从算法上，只能从输入计算得到输出，而从输出计算得到输入在算法上是不可行的。因为哈希算法的输出是一个固定的长度，所以哈希算法还有一个碰撞的问题，即哈希算法的输出是 n 比特的长度，那么，任取 2^n+1 个不同输入，就一定存在两个不同的输入会得到相同的输出。因此，在一定数量的输入情况下，输出长度越长的哈希算法，其碰撞的概率会越小。

常用的哈希算法包括 MD 系列和 SHA 系列，其中 MD 系列有 MD2、MD4、MD5、RIPEMD 等，SHA 系列有 SHA-0、SHA-1、SHA-2、SHA-3 等。在哈希算法中，MD5 和 SHA-1 是应用最广泛的，两者原理相差不大，但 MD5 加密后为 128 位，SHA-1 加密后为 160 位。在 2004 年的国际密码学大会上，王小云教授宣布了对一系列哈希算法寻找实际碰撞的方法，并当场破解了包括 MD4、MD5、HAVAL-128 在内的多种哈希算法。2005 年，王小云教授进一步优化了方案，对 SHA-0、SHA-1 算法也成功地给出了碰撞攻击。这些攻击技术对当时哈希算法的安全性造成了很大威胁，但同时也促进了新型哈希算法的设计与研究。

1. MD 系列算法

MD 系列算法是一个应用非常广泛的算法集，最为出名的 MD5 由 RSA 公司的罗纳德·林·李维斯特（Ronald L. Rivest）在 1992 年提出，目前被广泛应用于数据完整性校验、消息摘要、消息认证等。MD2 的算法较慢但相对安全，MD4 速度很快，但安全性下降，MD5 比 MD4 更安全、速度更快。虽然这些算法安全性逐渐提高，但均被王小云教授证明是不够安全的。MD5 算法被破解后，Ronald L. Rivest 在 2008 年提出了更为完善的 MD6 算法，但并未得到广泛使用。

MD5 算法设计采用密码学领域的 Merkle-Damgard 构造法，这是一类采用抗碰撞的单向压缩函数来构造哈希函数的通用方法。MD5 的基本原理是将数据信息压缩成 128b 来作为信息摘要，其步骤如下：

1）信息填充。对于任意长度的信息，首先应按比特对其进行填充，使得其比特长度除以 512 的余数为 448，因而信息的长度将被扩展至 $n \times 512 + 448$，n 为一个非负整数。填充的方法为：在信息的后面先填充一个 1，随后填充若干个 0，直到其长度满足上面的条件；在这个结果后面附加一个 64b 的数，表示填充前的比特长度；如果填充前的长度超过 64 位，则这里只取该长度的低 64 位。

2）整体结构。由于填充后的数据长度为 512 的倍数，MD5 将以 512b 为单位进行处理。每组 512b 数据与前一组输出的 128b 数据一起，经过一系列的处理后将输出 128b 数据。第一组数据计算时，输入的 128b 数据初值为：

$$A = 0x01234567，B = 0x89ABCDEF，C = 0xFEDCBA98，D = 0x76543210。$$

待最后一个分组计算完成后，最终输出的 128b 数据作为原始信息的哈希值。

3）压缩函数。在处理每组 512 b 数据时，将其分成 16 个 32 b 数 M_0，M_1，…，M_{15}；同时引入前一组运算输出的 128b 的数据，将其分成 4 个 32b A，B，C，D，并复制到缓存寄存器 a，b，c，d 中。随后定义下列四个函数：

$FF(a，b，c，d，M_j，s，t_j)$，表示 $a=b+((a+F(b，c，d)+M_j+t_j)<<<s)$；
$GG(a，b，c，d，M_j，s，t_j)$，表示 $a=b+((a+G(b，c，d)+M_j+t_j)<<<s)$；
$HH(a，b，c，d，M_j，s，t_j)$，表示 $a=b+((a+H(b，c，d)+M_j+t_j)<<<s)$；
$II(a，b，c，d，M_j，s，t_j)$，表示 $a=b+((a+I(b，c，d)+M_j+t_j)<<<s)$；

其中，t_i 是算法给定的常数。主循环有四轮，每轮循环中将调用上述的一个函数进行 16 次计算，最后用该结果取代相应的 a，b，c，d。在主循环结束后，将 a，b，c，d 分别加到 A，B，C，D 上，作为新的 128b A，B，C，D，用于下一个 512b 分组的压缩函数计算。

2. SHA 系列算法

安全哈希算法（Secure Hash Algorithm，SHA）是美国国家标准技术研究所（National Institute of Standards and Technology，NIST）发布的国家标准，

规定了 SHA-1、SHA-224、SHA-256、SHA-384 和 SHA-512 单向哈希算法。
SHA-1、SHA-224 和 SHA-256 适用于长度不超过 264b 的消息。SHA-384
和 SHA-512 适用于长度不超过 2128b 的消息。SHA 算法主要适用于数字签
名标准（Digital Signature Standard，DSS）里面定义的数字签名算法（Digital
Signature Algorithm，DSA）。对于长度小于 264b 的消息，SHA-1 会产生
一个 160b 的消息摘要。然而，SHA-1 算法已被证明不具备"强抗碰撞性"，
2005 年，王小云教授破解了 SHA-1 哈希算法，证明了 160b SHA-1 算法只
需要大约 269 次计算就可以找到碰撞。

为了提高安全性，美国国家标准技术研究所陆续发布了 SHA-256、
SHA-384、SHA-512 以及 SHA-224 算法，统称为 SHA-2 算法，这些算法
都是按照输出哈希值的长度命名，例如 SHA-256 算法可将数据转换为长
度为 256b 的哈希值。虽然这些算法的设计原理与 SHA-1 相似，但是至今
尚未出现针对 SHA-2 的有效攻击。因此，比特币在设计之初即选择采用
了当时公认最安全和最先进的 SHA-256 算法，除生成比特币地址的流程
中有一个环节采用了 RIPEMD-160 算法之外，其他需要做哈希运算的地方
均采用 SHA-256 算法或双重 SHA-256 算法，例如计算区块 ID、计算交易
ID、创建地址、PoW 共识过程等。

2.2.4 共识机制

区块链系统采用去中心化的设计，网络节点分散且相互独立，所以由
不同节点组成的系统之间必须依赖一个制度，来维护系统的数据一致性，
并奖励提供区块链服务的节点，以及惩罚恶意节点。这种制度需要依赖一
种证明方式，即由谁取得一个区块的打包权（或称记账权），并获取该区
块的奖励，或者怎样界定谁是作恶者，获取怎样的惩罚，而这一套方法和规
则便是共识机制（见图 2-6）。

图 2-6　区块链技术的共识机制

共识机制是区块链技术的重要组件，区块链共识机制的目标是使所有的诚实节点保存一致的区块链视图，同时满足两个性质：首先是一致性，所有诚实节点保存的区块链的状态数据完全相同；其次是有效性，由某诚实节点发布的信息终将被其他所有诚实节点记录在自己的存储中。

现在在区块链中使用的共识算法有多种，较为常用的有 PoW（Proof-of-Work，工作量证明）算法、PoS（Proof-of-Stake，权益证明）算法、DPoS（Delegated-Proof-of-Stake，股份授权证明）算法、PBFT（Practical Byzantine Fault Tolerance，实用拜占庭容错）算法。

1. PoW 算法

PoW 算法是一种防止分布式服务资源被滥用、拒绝服务攻击的机制。PoW 算法要求节点进行适量耗时间和资源的复杂运算，并且答案能被其他节点快速验算，以耗用时间、能源作为担保，以确保服务与资源是被真正的需求所使用。比特币首次利用工作量证明作为共识算法来验证交易并向网络广播区块，现在很多区块链也采用 PoW 算法，并成为广泛使用的共识算法。

采用工作量证明机制可以实现区块链的一致性。每个节点完成工作量证明的概率由它所拥有的计算资源决定，攻击者无法通过创建多个公钥地址来提高自己完成工作量证明的概率，这样可以有效抵御攻击。同时在诚实方拥有的计算资源占多数的情况下，可有效抵御二次支付，保证系统的安全性。然而，工作量证明机制也存在一些问题。首先，工作量证明机制存在严重的效率问题。每个区块的产生需要耗费时间，同时新产生的区块需要后续区块的确认才能保证有效，这需要更长的时间，严重影响系统效率。其次，工作量证明机制的安全性要求攻击者所占的计算资源不超过全网的 50%，然而从目前比特币矿池挖矿算力情况来看，算力排名前五的矿池的总算力所占比例已经过半，对系统的安全性和公平性造成严重威胁。最后，工作量证明过程通常是计算一个无意义的序列，需要消耗大量计算资源、电力能源，造成浪费。

2. PoS 算法

PoS 算法要求节点验证者必须要质押一定的资金才有挖矿打包资格，并且这个系统使用随机的方式，当质押的资金越多时，则越有概率拥有一个区块的打包权。例如某个节点拥有整个系统 5% 的股份，则这个节点在下一个出块周期里，将有 5% 的打包出块概率。

节点通过 PoS 出块的过程：普通的节点要成为出块节点，首先要进行资产质押；当轮询到自己出块时，打包区块；然后广播全网；其他验证节点将会校验其区块的合法性。

权益证明机制在一定程度上解决了工作量证明机制能耗大的问题，缩短了区块的产生时间和确认时间，提高了系统效率，但目前尚没有完善的基于权益证明的区块链的实际应用。权益证明的关键在于如何选择恰当的权益，构造相应的验证算法，以保证系统的一致性和公平性。

3. DPoS 算法

DPoS 算法是一种基于投票选举的共识算法，持币人选出几个代表节点来运营网络，用专业运行的网络服务器来保证区块链网络的安全和性能。DPoS 机制中，不需要算力解决数学难题，而是由持币者选出区块生产者，如果生产者不称职，就随时有可能被投票出局，这也就解决了 PoS 的性能问题。DPoS 与 PoS 原理相同，主要区别在于节点选举若干代理人，由代理人验证和记账。其合规监管、性能、资源消耗和容错性与 PoS 相似。类似于选举，选民把自己的选票投给某个节点，代理他们进行验证和记账。如果某个节点当选记账节点，该记账节点往往在获取出块奖励后，可以采用任意方式来回报自己的选民。这 n 个记账节点将轮流出块，并且节点之间相互监督，如果其作恶，则扣除押金给予惩罚。

4. PBFT 算法

BFT 算法主要研究在分布式系统中，如何在有错误节点的情况下，实现系统中所有正确节点对某个输入值达成一致。

PBFT（实用拜占庭容错）算法要求在有 $3f+1$ 个节点的分布式系统中，失效节点数量不超过 f 个。PBFT 算法的每一轮包括 3 个阶段：预准备阶段、准备阶段和确认阶段。在预准备阶段，由主节点发布包含待验证记录的预准备消息。接收到预准备消息后，每个节点进入准备阶段，在准备阶段，主节点向所有节点发送包含待验证记录的准备消息，每个节点验证其正确性，将正确记录保存下来并发送给其他节点。直到某一个节点接收到 $2f$ 个不同节点发送的与预准备阶段接收的记录一致的正确记录，则该节点向其他节点广播确认消息，系统进入确认阶段。在确认阶段，直到每个诚实节点接收到 $2f+1$ 个确认消息，协议终止，各节点对该记录达成一致。

在去中心情况下，利用 PBFT 算法可以实现区块链的一致性，剔除多余的计算量，避免资源浪费。此外，在某一时刻，只有一个主节点可以提出新区块，其他节点对该区块进行验证，避免分叉，缩短交易确认和区块确认时间，提高系统效率。

2.2.5　区块链关键功能：智能合约

智能合约的概念是 1994 年由计算机科学家和密码学专家尼克·萨博（Nick Szabo）首次提出，但由于当时缺少可信任的执行环境和系统，智能合约并没有被应用到实际生产中。2009 年比特币诞生时，比特币的交易中带有简单可执行的脚本，并可以执行简单的逻辑。人们逐渐意识到区块链的底层技术天生可以为智能合约提供可信的执行环境，智能合约可以在区块链之上不依赖中心机构自动化地代表各签署方执行合约。但是比特币对于智能合约的支持仅仅停留在简易脚本的层面上，不具备图灵完备性，无法实现更为复杂的逻辑，所以比特币的脚本只是拉开了基于智能合约的开发应用程序的序幕。以太坊的出现，让智能合约从简单实验到落地应用。对成熟的区块链技术体系而言，智能合约是一个必要特性，也是区块链能够被称为颠覆性技术的主要原因之一。

智能合约（见图2-7）是一种计算机协议，这类协议一旦制定和部署就能实现自我执行（self-executing）和自我验证（self-verifying），而且不再需要人为干预。从技术角度来说，智能合约可以被看作一种计算机程序，这种程序可以自主地执行全部或部分和合约相关的操作，并产生相应的可以被验证的证据，来说明执行合约操作的有效性。在部署智能合约之前，与合约相关的所有条款的逻辑流程就已经被制定好了。智能合约通常具有一个用户接口，以供用户与已制定的合约进行交互，这些交互行为都严格遵守此前制定的逻辑。得益于密码学技术，这些交互行为能够被严格地验证，以确保合约能够按照此前制定的规则顺利执行，从而防止出现违约行为。

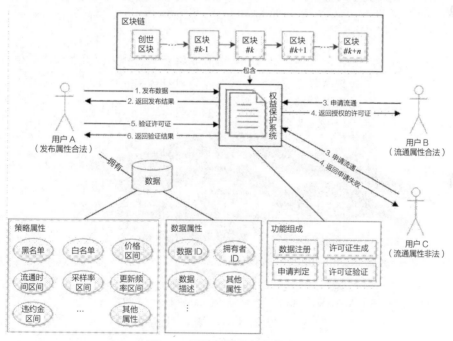

图 2-7　区块链技术的智能合约

智能合约的优点已经得到广泛认可，主要体现在以下几个方面：

- 确定性。智能合约在不同的计算机或者在同一台计算机上的不同时刻多次运行，对于相同的输入能够保证产生相同的输出。对于区块链上的智能合约，确定性是必然要求，因为非确定性的合约可能会破坏系统的一致性。

- 一致性。智能合约应与现行合约文本一致，必须经过具备专业知识的人士制定审核，不与现行法律冲突，具有法律效应。
- 可终止性。智能合约能在有限的时间内运行结束，区块链上的智能合约保证可终止性的途径有非图灵完备（如比特币）、计价器（如以太坊）、计时器（如Hyperledger Fabric）等。
- 可观察和可验证性。智能合约通过区块链技术的数字签名和时间戳，保证合约的不可篡改性和可溯源性。合约方都能通过一定的交互方式来观察合约本身及其所有状态、执行记录等，并且执行过程是可验证的。
- 去中心化。智能合约的所有条款和执行过程都是预先制定好的，一旦部署运行，合约中的任何方都不能单方面修改合约内容以及干预合约的执行。同时，合约的监督和仲裁都由计算机根据预先制定的规则来完成，大大降低了人为干预风险。
- 高效性和实时性。智能合约无须第三方中心机构参与，能自动实时响应客户需求，大大提升服务效率。
- 低成本。智能合约具有自我执行和自我验证的特征，能够大大降低合约执行、裁决和强制执行所产生的人力、物力成本。

智能合约研究热点发展趋势如图2-8所示。

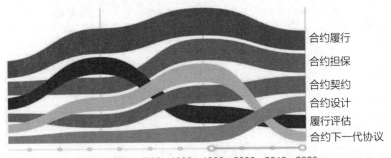

合约履行

合约担保

合约契约

合约设计

履行评估

合约下一代协议

1957　1964　1971　1978　1985　1992　1999　2006　2013　2020

资料来源：清华大学人工智能研究院《区块链发展研究报告2020》

图2-8　智能合约研究热点发展趋势

2.3　区块链技术运行原理

　　区块链技术不是一种单一的技术，而是多种技术整合的结果，包括密码学、数学、计算机网络等技术在内，有机整合完善了区块链的去中心化的数据记录方式。区块链技术主要解决了在没有第三方信任机构参与的情况下如何达成可靠的信任记录的问题。

比特币是区块链技术最早的应用（见图2-9），但是区块链技术的应用并不局限于电子货币，它可以被应用到电子资产在线交换的各个领域。

图 2-9　区块链技术早期应用——比特币

这里以比特币为例对区块链技术运行原理进行阐述。比特币基于密码技术，在有交易倾向的双方之间充当第三方中介的角色。在具体交易过程中，每笔交易都通过电子签名进行保护确认。在比特币网络中，交易的发起者通过自有私钥对交易进行签名，并发送到接收者的账户地址（即公钥）。在花费比特币时，比特币的持有者需要证明自己拥有对交易签名的私钥。比特币交易审核时，通过发送者的公钥对其交易签名进行验证，进而确定交易方是否可以使用对应的比特币。每一笔交易都将被广播发送到比特币网络的每个节点上，在节点通过审核后被记录到生成的区块链区块中。所有比特币网络中的在网节点共同维护生成的区块链交易记录。通过所有节点保存账本记录的方式，防止交易记录造假、被篡改、被删除等欺诈行为。

交易的审核节点需要在记录之前确保以下两点：首先是比特币的花费者确实拥有对应的电子货币，在交易中对电子签名进行验证；其次是比特币花费者的账户中拥有足够的电子货币，可以通过检查花费一方的账户（公钥地址）在区块链账本上的交易记录来实现。

在比特币 P2P 网络中，需要保持广播的交易并不是按照它们产生的顺序进行广播的，每笔交易在比特币网络中通过节点一个接一个地形成广播。因此在比特币网络中需要一定的机制处理这些并不是严格按照顺序广播的交易，进而防止双重花费（简称"双花"）情况的发生。

区块链技术的应用，正是比特币解决"双花"问题的关键。在比特币系统中，对一段时间内的交易进行收集、审核，并最终记录在区块上。通过把每一个区块连接成区块链，实现对每一笔交易的追踪。在同一个区块上记录的交易记录可以看作同一段时间内发生的交易。

中本聪在其比特币白皮书中比较详尽地叙述了这个信用系统建立的过程：

第一步，每一笔交易为了让全网承认有效，必须广播给每个节点（node，也就是矿工）。

第二步，每个矿工节点要正确无误地给这十分钟的每一笔交易盖上时间戳并记入那个区块（block）。

第三步，每个矿工节点要通过解 SHA-256 难题去竞争这个十分钟区块的合法记账权，并争取得到 25 个比特币的奖励（头四年是每十分钟 50 个比特币，每四年递减一半）。

第四步，如果一个矿工节点解开了这十分钟的 SHA-256 难题，节点将向全网公布其这十分钟区块记录的所有盖上时间戳的交易，并由全网其他矿工节点核对。

第五步，全网其他矿工节点核对该区块记账的正确性（因为他们同时也在盖时间戳记账，只是没有竞争到合法区块记账权，因此无奖励），没有错误后他们将在该合法区块之后竞争下一个区块，这样就形成了一个合法记账的区块单链，也就是比特币支付系统的总账——区块链。

2.4 区块链技术应用

2.4.1 区块链技术应用现状

根据智研咨询整理，2016 年底，中国共有 256 家专注区块链的初创企业，并集中在北、上、广地区，同年的区块链领域投融资规模也较前一年增长了近 300%。2017 年和 2018 年，中国区块链企业的数量均实现了翻番增长，企业营收规模也保持了 160% 以上的增长。

根据赛迪区块链研究院分析，2019 年上半年，区块链企业的初创期投资轮次（B 轮以前）占比已接近 60%，较前一年的 80% 已有大幅减少，区块链企业投融资轮次明显后移，说明我国区块链产业已在逐步成长；与此同时，我国区块链产业总规模已达到 4.95 亿元，同比增长 10%，超过了 2017 年全年的规模，2019 全年区块链产业规模将超过 2018 年的 10 亿元。IDC 研究预测，2022 年中国企业市场的区块链支出规模将会达到 14.2 亿美元。在国际方面，美国市场研究机构 Tractica 预测，2025 年全球的企业区块链应用市场将达到 203 亿美元。

经过数年的发展，许多区块链企业将区块链底层技术和各领域产业经验相结合的方式，已逐渐在各个细分行业中摸索出区块链技术在行业中的应用价值，并逐渐跑通了一些业务模式。在国家和地方政府的推动下，区块链 + 产业的市场规模也有了快速增长。2019 年区块链整体落地环境向好，区块链技术开始趋向成熟。从技术本身来说，2019 年也是中国区块链开源大年，集中式技术逐步被分布式技术取代，区块链等新一代前沿技术变得愈加成熟，已经可以支撑商业应用，进而有机会推进商业模式上的转变。

同时，政府部门加速引进区块链，国有企业也在加速自身的数字化转型。2019 年上半年，中国区块链应用落地项目中，政务类有 83 个项目，占比为 20.3%。其中中国多地法院和科技公司合作，提供区块链司法取证、存证服务；部分地区市政府等部门采用区块链进行网络身份验证，打通便民服务；食品药品监督局利用区块链技术进行溯源检测。在政府支持区块链落地的背景下，央企和国企也在加快区块链技术的应用，区块链加速渗透应用于数字经济范畴场景之中，如政务服务、跨境支付、数字内容版权、司法存证等领域。

区块链技术的应用中，标准规范是基石，它直接决定区块链技术应用的广度和深度。标准规范的建设能促进区块链技术在各行业中的应用融合，提升区块链技术的价值。区块链快速发展的 10 年时间里，积累了不少经验和规律，比如数据格式、跨链协议等。只有形成相对一致的标准才可以进一步促进行业规范发展，有利于机构低成本进入并形成良性循环。从整体上看，标准规范对产业发展有总结、规范和引导的作用。一般而言，区块链标准分为国际标准、国家标准、行业标准、地方标准和团体标准。具体到国家标准，就我国而言，国家级的区块链标准正在研制过程中，由中国电子技术标准化研究院主导的《信息技术区块链和分布式记账技术参考架构》国家标准完成上海征求意见会议，即将正式报批。未来该项标准有望成为国内首个区块链技术国家标准。

2015—2019 年，我国区块链注册企业数量快速增长，从 2156 家增长至 36 224 家，2018 年的增长速度最快，达到 192.3%。其中，中小型企业人才需求占比最大，499 人以下公司的招聘需求达到 69.7%，如图 2-10 所示。

资料来源：互链脉搏

图 2-10   2015—2019 年我国区块链企业数量及增长率

我国各城市都在大力推进区块链建设，助力城市数字经济发展，夯实新基建的基础。根据《2020 年中国城市区块链综合指数报告》，我国区块链公司地域分布形成了环渤海、长三角、珠三角及湘黔渝四大区块链产业区聚集区。从各聚集区企业占比和估值占比看，环渤海区块链聚集区以北京和青岛为主体，辐射天津、河北、山东等地区；长江三角洲聚集区以上海、杭州为主体，辐射南京、苏州及周边城市；珠江三角洲聚集区以深圳、广州为主体，辐射佛山、海口等城市；湘黔渝聚集区以贵阳、重庆和长沙为主体，辐射中西部地区。据统计，全国区块链产业园区主要集中在华东、华南等地区。

在企业应用区块链技术层面，央企作为"国家战略"执行的重要力量，对区块链技术的应用力度不断加大和深化。据互链脉搏数据显示，截至 2020 年 3 月，125 家中央企业中已有 48 家明确涉足区块链领域，占比为 38.4%，且主要分布在金融、航天交通、化工能源、电子通信、建筑地产、农林/粮食/轻工业、钢铁及医药领域等八大板块，其中，前三大板块的央企占比近 7 成。另外，央企已布局 10 项区块链底层平台、5 大行业区块链联盟建设，并且均集中在 2018 年和 2019 年。截至 2020 年底，已经有 17 家央企申请区块链相关专利，中国联通、国家电网、航天科工、工商银行和中国银行的申请数量位居前列，中国联通申请数量最多达到 262 项。同时 20 余家央企参与了区块链底层平台开发，十分重视区块链的基础性研究。这些建设表明，当前我国区块链纵深方向的建设框架已现雏形，央企的规模优势和影响力可以有效地延伸到供应链金融这一产业链，能更好地发挥央企的撬动作用，赋能更多企业，并且有望率先产业化应用，加快区块链技术的应用落地。

2.4.2　区块链技术应用领域

从区块链发展阶段分析，大致可分为探索、准备、接受、落地、成熟这五大阶段。探索、准备和接受期都处于周期的早期阶段，需要大量的资本和人才支持。经过探索、准备前期铺垫，目前主要为扩大受众群体和场景，协力制定基础框架和标准。随着关注度持续增加，多次实验试错修正后，适合的应用场景加快落地。

行业方面，预计未来 3～5 年将以金融行业为主，逐渐向其他实体行业辐射，更多切合实际的场景加速落地，行业从"1 到 N"发展出包括娱乐、商品溯源、征信等。技术方面，目前联盟链的共识算法、技术性能相较于大型公链可以更好地满足企业对实际商业场景的落地需求，预计未来三年将大规模发展。政策方面，区块链可以增加执法透明度，探测行业信用情况，加快实体经济革新，预计未来各国将根据自身情况不同力度地辅以政策支持。

目前，区块链的商业机构都在不断构建和完善区块链的丰富应用场景，区块链技术正在各个领域和行业得到快速应用。通过采用区块链可信的分布式账本理念，区块链特别是联盟链技术的应用落地，使得各单位之间的合作可由双方（签订合同）逐步扩展为多方协作的方式进行（多方达成共识），这将有助于提升公共服务部门社会公信力、产品及服务满意度，提高协作效率，创造社会价值。

参考互联网演变史，区块链技术正迅速进化。从区块链1.0时代的比特币，到2.0时代的以太坊、超级账本，通过技术进步逐渐解决并发问题，区块生成时间缩短，共识算法从PoW进化到PoS和DPoS等，随着区块链3.0（EOS、IPFS等）或者更高阶时代的到来，区块链技术迭代和整体演进速度将不断加快，未来区块链将在更多的领域得到广泛应用。

金融领域是区块链技术应用最深和最活跃的领域，区块链技术与金融领域的天然耦合性促进了二者的融合发展，区块链的去中心化、可追溯、不可篡改、智能合约等性质，增加金融领域的可信度、减少重复交易、保证数据库安全可靠，能够有效缓解道德风险和操作风险。据赛迪区块链研究院数据，2020年上半年，我国金融领域区块链落地项目达到46个，主要集中在信贷融资、电子签章、供应链金融、资产证券化、跨境支付等行业。图2-11展示了区块链应用的生态圈。

资料来源：工信部《中国区块链技术和应用发展白皮书》

图2-11　区块链应用的生态圈

区块链广泛应用于传统行业多方协作、防伪溯源场景中（见图2-12）。区块链在交通、医疗、慈善、食品药品溯源、供应链金融等多个领域涌现出解决方案。各个领域的跨企业、跨地域的区块链应用将不断涌现。将区块链技术应用于智慧城市建设已经有了很多有益的探索和实践，并取得了显著的效果。在国际上，利用区块链技术改善政府行政事务和公共服务能力成为智慧城市、智慧政务建设的重要手段。中国、瑞典、俄罗斯、英国、瑞士、韩国、日本、泰国、乌克兰等国家和地区都在探索相关应用，区块链本身也正在成为社会管理的一个基本应用，并且区块链技术在精准扶贫、智慧电网、智能制造等领域均有落地尝试，对提升社会管理水平有重要作用和意义。

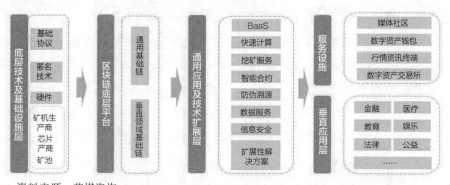

资料来源：艾媒咨询

图 2-12 全球区块链应用场景

2019 年区块链企业招聘岗位发布数量占比受全球大环境和国家政策的影响，在 Facebook 向全球正式推出 Libra 以及"1024 讲话"期间都出现了大幅度增长。Facebook 推出的 Libra 原生于数字空间，其账本基于区块链构建，结合智能合约进行治理，天然具有支付与清结算同步、系统共识简单的优良特性，因此交易和支付的成本极低，第一批加入 Libra 的机构包括电商、支付、出行、音乐等跟消费相关的场景巨头。Libra 区块链是经过密码验证的数据库，使用 Libra 协议进行维护，Libra 协议的核心是账户，包括 resources 和 module，数据库存储可编程的 resources 账本，这些账本是由 module 来约定的，resources 由通过公钥进行加密身份验证，账户可代表系统的直接最终用户，也可以代表实体，例如代表用户的保管钱包。

根据《2020年中国区块链人才发展研究报告》，2015—2019年五年期间，中国的区块链企业数量逐年增长，而区块链招聘企业最为集中的行业是互联网、游戏、软件行业，占比超77%，其次是金融和服务、外包、中介行业。除此之外，消费品、广告、传媒、制药、医疗、能源、化工、房地产等行业对区块链人才的需求也渐渐攀升。我国的区块链应用领域及应用情况如下。

1. 区块链的征信应用场景

我国征信业以企业征信为主，个人征信有待发展，整体市场前景广阔。我国企业征信发展较早，市场较为成熟。截至2019年6月，中国人民银行征信系统累计收录9.9亿自然人、2591万户企业和其他组织的有关信息，个人和企业信用报告日均查询量分别达550万次和30万次。

对企业征信市场来说，2002年党的十六大首次提出社会信用体系概念；2003年，十六届三中全会提出"形成以道德为支撑、产权为基础、法律为保障的社会信用制度"，标志着中国正式开始社会信用体系建设；2007年，国务院办公厅发布《关于信用体系建设的若干意见》，并在全国金融工作会议中提出以信贷征信体系建设为重点，建设与我国经济社会发展水平相适应的社会信用体系基本框架和运行机制；2011年，党的十七届六中全会强调把诚信建设摆在突出位置，大力推进政务诚信、商务诚信建设；2014年，国务院制定并印发《社会信用体系建设规划纲要（2014—2020年）》，作为中国社会信用体系建设的总纲领。

我国传统征信行业存在的痛点有：①数据缺乏共享，征信机构与用户信息不对称；②正规市场化数据采集渠道有限，数据源争夺战耗费大量成本；③数据隐私保护问题突出，传统技术架构难以满足新要求。针对目前我国传统征信行业现状与痛点，区块链可以在征信的数据共享交易领域着重发力，例如面向征信相关各行各业的数据共享交易，构建基于区块链的一条联盟链，搭建征信数据共享交易平台，促进参与交易方最小化风险和成本，加速信用数据的存储、转让和交易。随着区块链技术的发展，未来信用社会可期。

农业征信是我国征信领域发展相对滞后的环节，我国农业的小农特征注定农业领域的数据分散、采集困难且数据质量较差。就农业征信而言，存在的问题包括数据分散、信息不对称、正规市场化数据采集渠道有限、数据源竞争、数据隐私保护滞后、传统技术架构适配性较低等。在农业征信领域，区块链特有的去中心化、去信任、时间戳、非对称加密和智能合约等特征，在技术层面保证了可以在有效保护数据隐私的基础上实现有限度、可管控的信用数据共享和验证。目前国内已有中国平安集团等多家金融机构、布比区块链等专业开发机构在开展区块链征信方向的探索。

2. 区块链的支付应用场景

在支付领域，区块链技术的应用有助于降低金融机构间的对账成本及争议解决的成本，从而显著提高支付业务的处理速度及效率，这一点在跨境支付领域的作用尤其明显。另外，区块链技术为支付领域所带来的成本和效率优势，使得金融机构能够处理以往因成本因素而被视为不现实的小额跨境支付，有助于普惠金融的实现。

支付清算是区块链应用热度及成熟度仅次于数字货币的金融领域，尤其以跨境支付领域为典型代表。支付清算流程是典型的多中心场景，与区块链特性匹配度较高。国内外市场主体开始尝试将区块链技术应用于跨境支付场景，部分中央银行对区块链技术作为大额支付系统的备选技术方案开展了测试。区块链尚不适合传统零售支付等高并发场景，适合对信息可信共享要求较高、对并发量要求较低的领域，因为区块链需要同步储存大量冗余数据以及共同计算，将牺牲系统处理效能和客户的部分隐私。传统涉农支付普遍存在的问题包括到账周期长、费用高、交易透明度低等。区块链去中介化、交易公开透明和不可篡改的特点，没有第三方支付机构介入，缩短支付周期、降低费用、增加交易透明度、促进支付执行、提升效率，有益于经济的发展。

在支付领域，Ripple支付体系已经开始实验性应用，加入联盟的商业银行和其他金融机构提供基于区块链协议的外汇转账方案。国内金融机构中，招商银行已经推出了国内首个区块链跨境支付应用，民生银行、中国银联等也在紧密跟踪和积极推进区块链支付技术应用。

3. 区块链的保险应用场景

在保险领域中，数据真实、相互验证和信任机制是最重要的。保险行业将信任视为核心价值主张，而区块链技术天生携带信任基因，因此保险成为区块链最理想的落地场景之一。本质上，保险是一种社会和经济的制度安排，个体的集合与协同是其存在的重要基础和核心内涵，最终是实现基于市场机制的社会互助。根据普华永道测算，目前全球正在进行的区块链应用场景探索中，有 20% 以上涉及保险。

当前，保险行业问题较多，发展依然有很大空间，至今存在消费误导、理赔效率低、行业信息无法共享、骗保骗赔、对保险不信任等问题。区块链具有防篡改并且能够在此基础上实现智能合约，可以用来优化保险业务流程。第一，区块链技术实现用户信息一致性管理，保险公司可提供用户信息区块链，经过审查验证的用户将信息写入区块链，购买不同保险时无须重复输入个人信息，在区块链上查询即可，缩短投保时间。第二，区块链技术可以实现自动理赔，将区块链与智能合约结合，一旦达到特定出险条件，即可快速理赔，一旦智能合约被触发，自动支付赔款，更好地保障保险消费者权益，增加客户满意度。第三，区块链技术能够减少人为错误，节省劳动成本，为再保险业者节省 15% ～ 20% 的营运费用。

近年来，大量保险公司开始布局区块链业务。从具体应用看，目前保险公司在区块链领域的探索主要可以分为两大类：一类基于区块链的"公开账本"能力，将业务数据上链，以此实现信息公开；另一类则是尝试构建保险行业联盟链。不同类型的保险公司布局方式有所不同，传统保险巨头将区块链应用于保险产品，技术型保险公司侧重于开发 B 端区块链平台。除区块链技术本身的成熟度外，机构参与度以及公链数据量也是影响区块链应用价值的关键。从目前保险企业的区块链投入情况及区块链发展现状看，区块链技术在保险行业内仍处于探索和尝试阶段，距离大规模应用还需要一段时间。

随着 2019 年区块链被提上国家战略高度，保险监管层也在积极推进行业规则制定与研究，预计未来 5 ～ 10 年是保险领域区块链快速发展的黄金时机。我国各保险公司均在利用区块链技术解决保险业发展中的难题。平安集团、众安保险、中国人寿保险、泰康保险、民生保险等企业均有应用开发。平安保险在农业领域积极应用区块链技术，同时结合云计算、物联网等技术，支持贫困地区农产品"三品一标"追溯体系建设，为符合相应质量要求的农产品赋予区块链溯源二维码，提高农产品的品牌认可度。在具体应用中，众安保险则积极探索区块链在健康保险、跨境医疗保险服务领域中的应用，促进商业保险的创新发展。在疫情期间，中国人寿保险通过区块链支持的"顶梁柱"扶贫项目，为近2000名建档立卡贫困户提供保险理赔服务，拓展"区块链＋公益＋保险"的扶贫模式，助力精准脱贫，积极构建长效脱贫机制，促进乡村振兴。

2016年3月，布比公司与阳光保险、比邻共赢开发出基于布比区块链的数字化资产平台，当年8月，阳光保险在该平台上推出保险卡单这个数字资产，并在区块链上流通。消费者可以直接在微信或任何具有支付功能的App链接中购买保险，也可以将保险单转让或赠送。由于区块链技术的可追溯性和不可篡改性，用户可以及时追溯卡单从源头到客户流转的全过程，参与方不仅能查验到卡单的真伪，确保卡单的真实性和唯一性，而且方便后续流程管理，比如快速理赔等。

保险公司借助区块链能够降低协作成本，提高业务效率。通过区块链，保单可以用数字资产化和智能合约模式体现，所有的保险资产标的和保单都放在区块链这个公开的账本中，所有人都可以看到具体标的情况和投保情况，个人将保单的状态设定为Apply（申请中），到中间商就变成Pre-approved（待审核），到保险公司就变成Approved（已批准）。在这一模式中，各家机构根据自身职责，进入区块链的节点，完成自己的权限即可，单点业务复杂度大大降低，协作成本也会降低。

4. 区块链的供应链应用场景

近年来，全球食品安全危机频繁发生，疯牛病、口蹄疫、注水肉、"瘦肉精"、三聚氰胺、毒大米等层出不穷。解决食品安全问题的难点在于食品从土地到餐桌的过程中，会经过加工、仓储、运输、销售等多个环节，供应链节点较多、关联复杂，而且传统的食品流程管理记录有被篡改的可能，发生食品安全问题时需要通过层层记录查找，效率低，准确性也低。

面对农业供应链的众多问题，区块链技术可以发挥很好的作用（见图2-13）。区块链技术可以做到实时记录防止篡改，包括食品产地，生产时间、工厂的温度，是否具备食品安全认证等生产加工信息均会被记载。节点授权用户可以更新数据，更新后的数据也可以在数分钟左右向区块链所有用户显示。除了防止篡改之外，传统食品供应链某一环节发现问题通常要查找之前的每一份单据、确定问题影响的范围，耗时较长，而通过区块链技术查找数据的时间将缩短，不到 1 分钟可定位到食品源头，数分钟即可调出单品从农场到流通环节的信息。图 2-14 展示了区块链与商品溯源的融合价值。

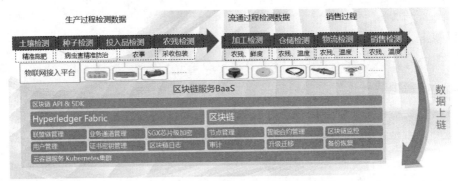

图 2-13　区块链在农业供应链中的应用

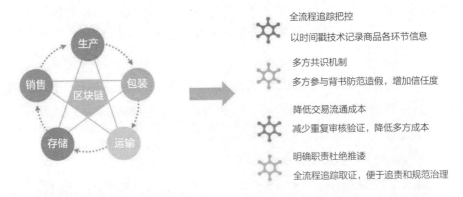

资料来源：艾媒咨询

图 2-14　区块链与商品溯源的融合价值

5. 区块链的销售应用场景

在农产品销售领域，区块链技术可以有效进行传播效果统计，解决营销效果不透明等问题，极大提升数字营销效率，提高数字营销效果。依靠区块链的数字账本系统和透明且加密的特性，厂商将完成广告精准投放，迅速锁定目标用户，消除一切中间环节，直接完成厂商与顾客之间的联系，更加关注用户体验。区块链与销售的融合有助于商品质量透明化，在厂商与顾客之间建立有效信任，营销将成为区块链技术最先影响的领域之一。

6. 区块链的票据应用场景

票据是我国重要的支付手段，我国目前农业票据领域普遍存在的问题是，票据化或证券化程度较低，融资能力较差，已有的票据业务存在诸如中心化系统崩溃的操作风险、监管机制调整的市场风险以及一票多卖、虚假票据的道德风险等。区块链去中心化、系统稳定性、共识机制、不可篡改的特点，可以有效防范传统中心化系统下的各种票据经营风险。

目前，国际区块链联盟 R3（见图 2-15）联合以太坊、微软共同研发了一套基于区块链技术的商业票据交易系统，已有多家国际知名金融机构进行票据交易、票据签发、票据赎回等功能测试，正在测试的数字票据进一步融合了区块链技术优势，可以使票据交易业务更安全、更智能、更便捷。R3 是为数不多执行多次实验操作验证的联盟之一，目前已测试超过 5 种不同的区块链技术，实验对象就是参与成员，评估分析每次智能合约对金融产品的发行、交易和赎回等过程产生的影响。主要工作为推出为金融领域打造的区块链分布式账本平台——Corda，实现跨境支付等方面的应用；实施监督观察者节点机制（Observer Node Functionality）保证节点工作高效透明，有利监管。

图 2-15 国际区块链联盟 R3

2020 年 6 月，浙商银行作为主承销商，依托区块链技术的"链鑫 2020 年度联捷第一期资产支持商业票据"成功发行，该票据结合资产证券化创新设计，为更多的产业链上下游企业搭建更广阔的融资渠道，促进产业链的发展。

7. 区块链的资产应用场景

农业资产领域普遍存在的问题是估值困难和流动性差，主要源于底层资产真假无法保证，参与主体多，操作环节多，交易透明度低，信息不对称等，无法监控资产的真实情况，造成风险难以把控。基于区块链技术的资产管理，可以有效增加数据流转效率，减少成本，实时监控资产的真实情况，保证交易链条各方机构对底层资产的信任问题。

目前纳斯达克证券交易所已正式上线 Linq 区块链私募股权交易平台（见图 2-16）。此外，纽约交易所、澳大利亚证券交易所、韩国交易所也在积极推进区块链技术的探索与实践。国内多家金融机构以及互联网科技公司也在积极推进基于区块链技术的资产证券化业务，百度金融先后与华能信托、长安新生等机构合作，推出国内首单区块链技术支持证券化项目和区块链技术支持交易所 ABS 项目，加快区块链技术与资产应用的融合。

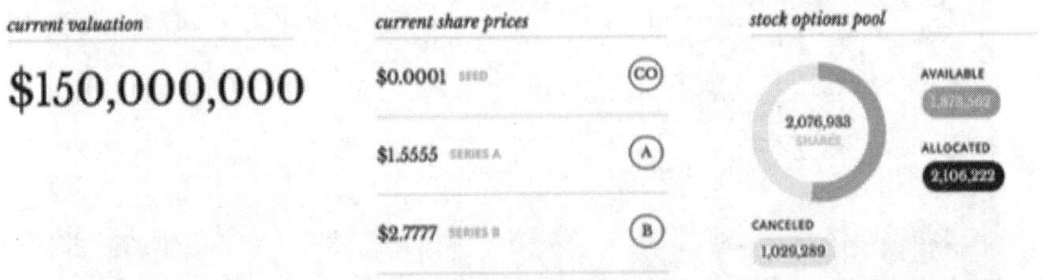

图 2-16   纳斯达克证券交易所私募股权交易平台 Linq 的估值管理

8. 区块链的健康管理应用场景

健康管理领域普遍存在的问题是信息严重封闭，隐私保护受到信息安全制约。健康食品管理是农业的下游，健康管理的前提条件之一就是做好"土地到餐桌"的管理。区块链在食品安全追溯领域的应用可以确保农产品的质量管理，实现健康饮食管理。而且在健康管理中，区块链能利用自己的匿名性、去中心化等特征保护病人隐私。电子健康病例、DNA 钱包、药品防伪等都是区块链技术可能的应用领域。IBM 在报告中指出，全球 56%的医疗机构在 2020 年前投资区块链技术，加快区块链技术与健康管理的应用融合。在国外，飞利浦医疗、Gem 等医疗巨头和 Google、IBM 等科技巨头都在积极探索区块链技术的医疗应用，提升区块链的应用效率。在国内，阿里健康与常州市合作率先推出了医联体＋区块链试点项目，共同促进当地医疗卫生体系建设。一些区块链技术创业公司也得到资本支持，布局相关项目，加快相关应用。图 2-17 展示了区块链技术与健康管理的融合模式。

资料来源：艾媒咨询

图 2-17   区块链技术与健康管理的融合模式

9.区块链的公益应用场景

公益慈善组织根据项目安排，自行或授权决定资金使用方式，但对资金具体用途及绩效缺乏有效监督管理。区块链技术的应用可以有效维护和提升公益组织及公益活动的公信力。2017 年，光大银行开始将区块链技术运用于"母亲水窖"公益项目，实现"母亲水窖"捐款信息的公开、捐款费用的可追溯、账务信息的不可篡改以及捐款者隐私的保护，并取得了很好的效果。

2.4.3 区块链技术应用前景

中共中央总书记习近平在主持区块链技术发展现状和趋势集体学习时强调："区块链技术的集成应用在新的技术革新和产业变革中起着重要作用。我们要把区块链作为核心技术自主创新的重要突破口，明确主攻方向，加大投入力度，着力攻克一批关键核心技术，加快推动区块链技术和产业创新发展。"面对日益严峻的国际政治与经济新形势，习近平总书记高瞻远瞩，适时提出"中国区块链发展纲领"，将区块链发展上升为国家战略。

区块链是下一代互联网及数字经济的基础技术。数字经济是"现代化经济体系"和"智慧社会"的基础，支撑数字经济的技术虽然涵盖多个技术领域，但主要包括两大类。第一类是诸如物联网、大数据及人工智能等技术，实现物体的智能化，目的是为物体赋能，可使人们使用的产品体验更加友好、更加便利；第二类是区块链技术，实现人、物、机构等相互关系的智能化，目的是为经济体系赋能，可使得现有经济体系内部及体系之间摩擦减少、效率提升。

数字经济运用全新的生产要素和生产组织方式，为人类社会带来全方位变革，促进经济由外生型向内生型增长转变。而区块链作为下一代互联网的基础性技术，不仅与大数据、云计算、人工智能等产生紧密联系，而且由于能够与金融、法律、科技、管理、环保、能源等应用场景广泛结合，成为数字经济发展的重要技术基础。因此，数字经济与区块链之间的关系呈现出一种表与里的联系（见图2-18）。

区块链技术针对交易中的信任和安全问题，采取分布式账本、非对称加密和授权技术、共识机制和智能合约四项技术创新。借助技术创新，区块链通过加密技术形成一个非中心化的可靠、透明、安全、可追溯的分布式数据库，推动互联网数据记录、传播及存储管理方式变革，可以降低信用成本、简化业务流程、提高交易效率等，给数字经济带来新的增长动力。

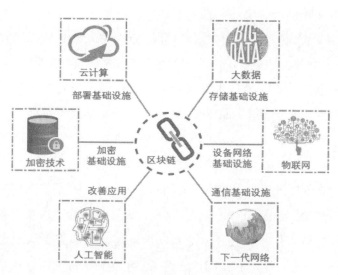

资料来源：工信部的《中国区块链技术和应用发展白皮书（2016）》

图 2-18　区块链与新一代信息技术的联动

随着应用场景的需求的复杂化，区块链技术也变得越来越复杂。以个人、联盟和企业为主体而开展的公有链、私有链和联盟链形式，向各大应用场景辐射。其中联盟指多机构跨区域跨行业共同协作，企业包括投资企业、科技企业、监管企业等。对比个人与开源社区，联盟链的迅速发展引人注目，目前大多联盟以开发联盟链为主要形式。联盟链可以结合公有链和私有链的优点，根据权限的不同来区分系统内所有节点，由多个中心控制。展开来说，联盟链不需要展示节点的全部信息，只需要根据合约和权限展示部分可以公开的信息，在低成本、一定私密性、快速交易、良好扩展性的情况下实现部分去中心化和资源共享。

2.5　目前区块链推广障碍

2.5.1　需求有效程度

区块链技术不是一种创新技术，而是多种信息技术的融合，集成了分布式存储、密码学、博弈论、共识机制等多种已有成熟技术。随着区块链技术的迅速发展和日益成熟，很多行业开始应用区块链技术，区块链技术与各行业的融合加快，应用成效逐渐显现，全球区块链已经进入"区块链＋行业"解决方案的区块链3.0时代。区块链技术与金融行业有着密切的联系，"区块链＋金融"的落地技术方案众多，也取得了很好的效果。在银行、保险、基金、债券、金融衍生品等金融领域，存在着信息不对称、信息获取难、信息无法校验等难题，安全、信任和效率制约着金融的发展速度。区块链的优势恰好可以弥补金融行业的短板，促进金融行业发展。

但区块链在具体行业中的应用面临着诸多困难，市场需求仍略显不足。首先，对行业人员而言，区块链存在着较高的认知门槛，区块链是一门跨学科、跨技术的新兴技术，且技术更新发展迅速，这都需要从业人员付出大量的时间和精力进行学习和跟踪，这就限制了企业实际应用区块链技术的空间。与此同时，区块链技术仍存在一定的问题，区块链最初是为了解决比特币交易的技术难题而产生的，随着向其他领域的拓展，区块链技术的薄弱环节逐渐暴露，一是网络中节点容量和处理性能等两项核心能力仍需提升，二是区块链网络的安全性有待加强，这要求区块链技术不断完善改进。

根据2019年Gartner发布的区块链成熟度曲线，数字资产交换、加密货币、首次代币发行率先度过泡沫破裂低谷期即将进入稳步爬升恢复期，银行和投资服务行业中的区块链经历期望膨胀期进入泡沫破裂低谷期，而保险行业中的区块链刚刚经过产业拐点。随着区块链技术的不断发展优化，区块链技术的普及和专业人员的补充，区块链技术的需求程度将不断提升，区块链在其他行业中的应用方案将大量涌现。

Gartner研究副总裁David Furlonger表示："在Gartner的2019年首席信息官议程调查中，有60%的首席信息官预计，在未来三年，区块链技术的采纳度会达到一定的水平，不过他们还不确定区块链会给他们的业务带来什么样的影响。目前，首席信息官正在因企业机构现有的数字化基础设施以及缺乏明确的区块链治理而无法挖掘区块链的全部价值。"

Gartner发布的2020年中国ICT技术成熟度曲线说明（见图2-19），在政府的大力支持下，中国区块链取得的进展领先于其他国家和地区。2016

年，区块链被纳入中国"十三五"规划，经历过 2018 年下半年的期望膨胀期后，2019 年 10 月，中央政府强调把区块链作为核心技术自主创新的重要突破口，区块链技术在中国逐渐从泡沫破裂低谷期中复苏。伴随投资的增加，中国正在从更实际和商业可行的角度让区块链落地。

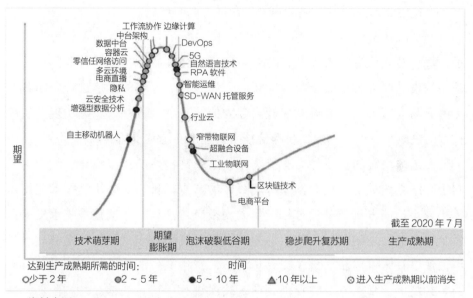

资料来源：Gartner

图 2-19   2020 年中国 ICT 技术成熟度曲线

区块链已在多个关键领域尝试，目前的主要用途是许可型账本。据 Gartner 预测，数字代币仍将继续被创建和接受，但在标准、监管框架和区块链能力组织架构等非技术活动层面仍有大量工作有待完成。只有完成了这些工作，这项技术才能进入生产成熟期，开始迅速成为该行业的一项主流技术，带动行业的变革和突破。

2.5.2   成本消化能力

区块链技术在实际应用中的第二个障碍就是应用成本，包括技术成本、使用成本、专业人才成本等。

就技术成本而言，一方面，区块链技术的稳定性、安全性、通用性都尚未成熟，这对上链数据的隐私性、存储能力均提出了较高的要求；另一方面，很多企业已经投入大量的人力、物力开发相关业务系统、数据系统平台，且现有系统平台的使用时间较长，利用区块链技术对这些系统平台进行改造，需要大量的成本，包括资金成本、机会成本和学习成本，客户也需要一段时间来学习新系统。所以，从短期使用区块链技术的角度看，技术成本较高。

就使用成本而言，区块链技术存在以下两个问题。

一是区块链的存储能力有待突破。区块链的性能问题主要体现在存储量，每个节点信息记录以及存储更新对存储空间容量提出了极高的要求，是系统设计时面临的最大挑战。智能合约信息交互中的逐笔进行影响各节点的交易处理效率，需要功能较为强大的交易处理程序。要想实现区块链技术的进一步发展，需要信息存储技术快速更新迭代支持。

二是区块链的抗压能力有待突破。区块链构建的系统设计容纳能力受制于网络系统处理速度和网络环境最差的节点。目前的区块链技术应用规模均较小，尚未真正处理过社会化大规模交易活动。区块链系统承受来自多个用户的并发访问时，响应速度和准确程度仍有较大的不确定性。一旦将区块链技术推广至大规模交易环境下，每秒产生的交易量超过最弱节点的容纳能力，那么交易将自动列队、逐次进行，交易效率会急剧降低，抗压能力的影响凸显。

就专业人才成本而言，区块链技术的专业人才欠缺，供需缺口大导致人才薪资成本高。经过近10年的发展，区块链产业形态已经发生了巨大的变化。区块链技术将对世界经济和社会发展产生深远的影响。与之相应的区块链人才发展也在历经跃迁，区块链行业人才培养模式也逐渐由自发式走向体系化、规范化建设。尤其是在区块链上升为国家战略后，区块链发展加快"脱虚向实"，区块链专业人才队伍建设刻不容缓。

目前，全国首个区块链工程本科专业已经获得教育部的批准，这是区块链教育走向正规化、专业化的重要标志。区块链技术是多学科融合的技术，我国现有的教育体系和培养机制尚未完全适应社会对区块链人才的需求，交叉学科培养机制不足，培养模式不够健全。区块链系统架构工作人员需要多种学科的专业知识，需要掌握多种应用技术，以及具体的实操经验，通晓技术的设计原理和相关开发语言，掌握技术开发的流程，并理解具体业务的核心逻辑。根据相关调查显示，我国真正具备区块链技术和工作经验的人员仅占需求量的 7%，这与我国区块链产业发展的需求相差较大，如图 2-20 所示。数据显示，2018 年技术类在招岗位占据半壁江山，但投递情况仅为 27%，2019 年技术类企业在招岗位 44.5%，投递占比为 31.2%。对比两年的情况，技术类人才的在招岗位占比有所下降，而投递占比有所上升，这表明企业对区块链人才的需求逐渐趋于理性，然而区块链对人才的吸引力度仍在提升。

资料来源：互链脉搏

图 2-20　我国区块链人才技术缺口情况

伴随区块链人才供给不足的现象，区块链人才的待遇不断攀升，应聘人员的期望年薪较其他岗位也有较大幅度的溢价，充分暴露了区块链人才的供需矛盾。据统计，2018—2019 年，区块链应聘人员的期望薪资区间是 50 ～ 100 万元，占应聘者总人数的 22.8%，比 2018 年有较大幅度的提升。就区块链从业人员的实际年薪而言，43.3% 的从业者年薪在 20 ～ 40 万元，处于同行业的较高层次，具有较大的吸引力。其中，深圳、北京、杭州三个一线城市的区块链从业者的平均薪资位居全国前三名，分别为 32.63 万元、31.68 万元和 31.41 万元。

2.5.3　信息共享动机

当前区块链存在公有链、联盟链、专有链（也称私有链）三种形式（见图 2-21）。公有链和联盟链都需要区块链的分布式节点将数据共享，但各节点对数据隐私泄露存在一定程度的担忧，这制约着区块链的发展。

公有链	联盟链	专有链
任何人都可加入网络及写入和访问数据	授权公司和组织才能加入网络	使用范围控制在一个公司范围内
任何人在任何地理位置都能参与共识	参与共识、写入及查询数据都可通过授权控制，可实名参与过程，可满足监管AML/KYC	改善可审计性，不完全解决信任问题
每秒3～20次数据写入	每秒1000次以上数据写入	每秒1000次以上数据写入

图 2-21　区块链的类型及特性

在传统的中心化服务中，数据隐私保护、保障数据安全的措施是提高自身防御能力、增加防火墙性能、提升服务器能力、病毒实时监测，这些方法也都有一定的效果。区块链技术不同于其他技术的是，在一定节点规模，构建成一定的生态体系，形成规模效应后，区块链才能产生更大价值，参与的相关主体才能享受到区块链生态所带来的价值。正如一些学者所言，区块链最大的隐忧就是隐私安全，因为区块链要求节点数据共享，要求利用数据进行交叉验证、相互匹配，实现智能交易、不可篡改，并释放区块链的数据价值。但很多节点的数据都涉及一些隐私和商业利益，节点对共享数据存在着诸多担忧，担心自身利益受损，担心机构会随意泄露和滥用自身数据，危害自身安全（见图 2-22）。

图 2-22　数据隐私保护成为区块链下一阶段发展的重点

随着人工智能、物联网等其他信息技术的迅速发展，数据越来越成为重要资产和生产要素，每个节点的数据都是有价值的，而实现数据共享的区块链数据价值呈指数增长，因此数据隐私和安全性也变得更加重要。所以用户数据隐私保护是区块链下一阶段发展的重点，现阶段已经有零知识证明、同态加密、安全多方计算、可验机计算等密码学算法应用于区块链技术加强数据隐私保护，接下来将会有更多专家投入精力和资源进行数据隐私保护的研究，解决业界的隐忧，促进区块链技术的落地应用。

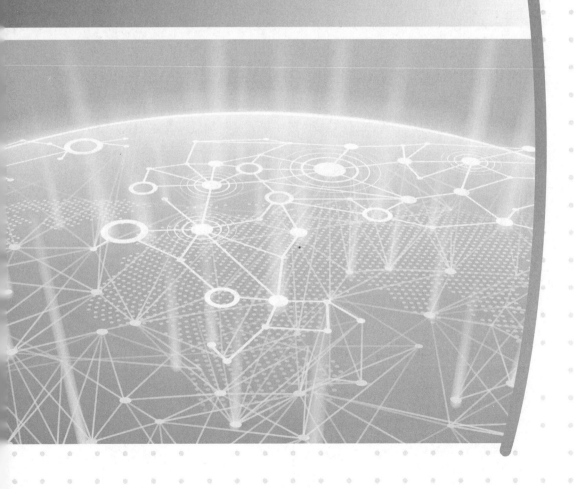

第 3 章

智慧农业：中国农业迎来区块链时代

　　智慧农业是将大数据、云计算、物联网、人工智能等新兴技术应用到农业生产的全过程，实现生产数据的全收集、生产场景的全观察，生产管理的智能化、实时诊断的在线化，并提高病虫害和自然灾害的预警能力，构建农业信息感知、定量决策、智能控制、精准投入、个性化服务的全新农业生产方式，是农业信息化发展从数字化到信息化再到智能化的高级阶段。智慧农业改变农业生产经营者的传统观念，由过分依赖经验和自然条件转为更多依靠新技术的使用和推广，提高了农业生产经营的科技含量。

　　智慧农业（见图 3-1）是数字农业、精准农业、农业物联网、智能农业等技术的统称，智慧农业发展的基础和支撑是数字农业，数字农业是实现农业物联网发展的前提。数字农业指的是利用传感器、摄像头、智能穿戴设备等，将农业对象、环境以及全过程进行可视化表达、数字化展现和信息化管理的一种现代农业技术；精准农业又称精细农业、精确农业，关键在于定位、定量、定时，即精准灌溉、施肥和杀虫等；农业物联网指的是将各种设备

年份	中央一号文件	智慧农业相关内容
2012年	加快推进农业科技创新	突出农业科技创新重点，加快推进前沿技术研究，在信息技术、先进制造技术、精准农业技术等方面取得重大突破
2013年	加快发展现代农业	确保国家粮食安全，加强科技创新，继续实施种业发展，以及农机装备、高效安全肥料农药兽药的研发
2014年	全面深化农村改革	推进农业科技创新，建设以农业物联网和精准装备为重点的农业全程信息化和机械化技术体系，组织重大农业科技攻关
2015年	加大改革创新力度	加快农业科技创新，在生物育种、智能农业、农机装备、生态环保等领域取得重大突破，支持农机、农药、化肥等企业技术创新
2016年	加快农业现代化、实现全面小康目标	大力推进"互联网+"现代农业，应用物联网、云计算、大数据、移动互联网等现代信息技术，大力发展智慧气象和农业遥感技术应用
2017年	深入推进农业供给侧结构性改革	推进农业物联网试验示范和农业装备智能化，发展智慧气象，提高气象灾害监测预报预警水平
2018年	实施乡村振兴战略	发展高端农机装备制造，大力发展数字农业，实施智慧农业林业水利工程，推进物联网实验示范和遥感技术应用
2019年	坚持农业农村优先发展做好"三农"工作	强化创新驱动发展，实施农业关键核心技术攻关行动，培育一批农业战略科技创新力量，推动生物种业、重型农机、智慧农业、绿色投入品等领域自主创新
2020年	抓好"三农"领域重点工作	依托现有资源建设农业农村大数据中心，加快物联网、大数据、区块链、人工智能、第五代移动通信网络、智慧气象等现代信息技术在农业领域的应用。开展国家数字乡村试点
2021年	全面推进乡村振兴加快农业农村现代化	发展智慧农业，建立农业农村大数据体系，推动新一代信息技术与农业生产经营深度融合。完善农业气象综合监测网络，提升农业气象灾害防范能力。加强乡村公共服务、社会治理等数字化智能化建设

图 3-1　2012—2021 年中央一号文件中的智慧农业相关内容

收集到的数据，进行系统化集成管理，进而实现对农业生产基地的自动化、智能化和远程控制等；智能农业多指的是农业机械智能化，通过农机联网以及智能机器人实现智能农业。

2020年10月29日，中国共产党第十九届中央委员会第五次全体会议通过的《中共中央关于制定国民经济和社会发展第十四个五年规划和二〇三五年远景目标的建议》指出，坚持最严格的耕地保护制度，深入实施藏粮于地、藏粮于技的战略，加大农业水利设施建设力度，实施高标准农田建设工程，强化农业科技和装备支撑，提高农业良种化水平，健全动物防疫和农作物病虫害防治体系，建设智慧农业。

智慧农业在一定程度上解决了我国农业先天性分散落后的局面，通过新技术的使用，提升农业生产的规模化程度，促进我国农业生产基地的集约化和工厂化，最终实现降低生产成本，提高市场竞争力的目标。目前，我国智慧农业处于规模应用期，该时期内精准农业、新技术的快速发展为农业机器人发展提供了新的可能，采摘机器人以及利用计算机视觉等技术实现水果的自动分拣系统得到了广泛应用，农业无人机植保也不断在发展。

智慧农业生产环节的四大应用包括数据平台服务、无人机植保、农机自动驾驶、精细化养殖等（见图3-2）。数据平台服务以卫星遥感技术、无人机以及物联网传感器等收集气候气象、农作物、土地土壤以及病虫害等数据，对数据进行深入分析，为农场、合作社以及大型农业企业提供可视化管理服务；无人机植保搭载先进的传感器设备，根据地形、调搭配专用药剂对农作物实施精准、高效的喷药作业，通过无人机三位一体达到节水节约的作用；农机自动驾驶以计算机和传感器技术为基础，根据GPS及其视觉技术实现农业的精准定位，通过智能终端实现监测农机信息、作业状态及作业速度等；精细化养殖通过耳标、摄像头等监控畜牧动物生长情况，实时跟踪，且对收集到的图形、文本等非结构化数据进行处理、分析，实现养殖的精细化管理。

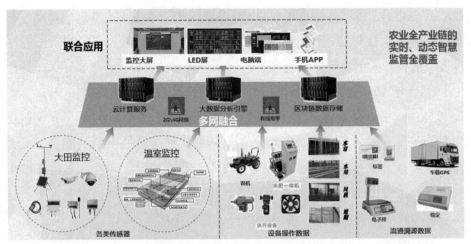

图 3-2   智慧农业软硬件体系

3.1   现阶段我国农业产业化七大痛点

农业是国民经济的基础，也是其他物质和非物质生产部门的基础。中华人民共和国成立以来，特别是改革开放以来，我国农业发展取得了辉煌的成就。

为了更好适应市场经济的发展需要，20 世纪 90 年代，我国开始了农业产业化之路，不断提升农业发展水平。我国的农业产业化以产业导向市场化为核心，以合作制理论、社会协助与分工理论、平均利润理论、比较效益理论、交易费用理论以及规模经济理论等为支撑，涵盖诸多实践应用形式。

农业产业化是新型的农业发展战略，以国内外农产品市场的需求当作农业发展的主要导向，以实现农业经济效益最大化为目标，以主导产业当作农业发展重点，以农民专业合作社、家庭农场、农业产业化龙头企业等多种中介组织为主要利益联结点，完善农业产业链中的各节点的利益联结机制，形成优化的产业组织系统，构建农工商、产供销、种养加一体化经营的现代化经济运营机制，延长供应链、优化产业链、重构价值链。智慧农业的应用价值如图 3-3 所示。

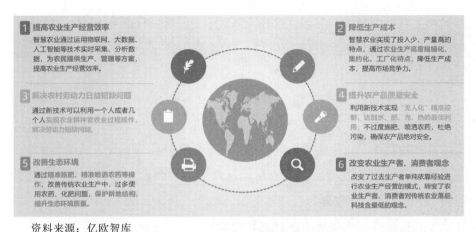

图 3-3　智慧农业的应用价值

但与发达国家相比，我国农业产业化进程较慢、水平较低、产业链服务不完善等问题突出，现代化、市场化、智慧化、信息化、机械化、规模化水平还不足，农业数据缺失，农村信用体系不够健全，金融支撑农业产业发展的力度不足。我国农业产业的结构不够合理，包括农业布局结构和农产品结构。同时，我国农业产业化规模初步成型，但农产品加工企业实力不足，农业产业化经营组织发展水平依然较低，第一二三产业融合发展水平不足。

具体而言，我国农业产业化存在着以下七个方面的痛点。

3.1.1　痛点一：政策不配套，资源错配严重

根据农民日报社《新型农业经营主体发展研究》课题组分析，我国农业企业从数量增长进展到量质并重发展的新阶段。截至 2018 年底，全国县级以上农业产业化主管部门认定的龙头企业近 9 万家，其中省级以上重点龙头企业 1.8 万家、国家重点龙头企业 1243 家。2018 年，规模以上农产品加工企业达到 7.9 万家，全年农产品加工业主营业务收入达到 14.9 万亿元，同比增长 4.0%；实现利润总额 1 万亿元，同比增长 5.3%；农产品加工业主营业务收入利润率为 6.8%，同比提高 0.1 个百分点，农产品加工业和农业总产值比达到 2.3 ：1，已接近国务院办公厅《关于进一步促进农产品加工业发展的意见》中提出的"到 2020 年，农产品加工业与农业总产值比达到 2.4 ：1"的规划目标。

根据农业农村部的统计显示，2018 年 11 月，农业农村部公布第八次监测合格农业产业化国家重点龙头企业名单，共包含 1095 家企业，其中山东、河南、四川、江苏、广东分别有 83、52、51、51、50 家。

农业产业化的发展离不开政府支持，离不开具体支持政策的引导。但是随着我国农业产业化的加速发展，智慧农业、农业物联网的应用和落地，我国的一些农业产业化政策出现了错位、缺位和越位等现象，政策不配套约束着农业产业化的发展。很多农村地区没有完善甚至完整的农业产业发展规划，或者农业产业规划与当地实际出入较大，也缺乏相应的产业扶持政策，这就造成农业产业化发展的盲目性和偏差性。

在传统农业中，产业链、产业体系的发育尚处于萌芽起步阶段，在我国农业产业化创新发展中，有些地方政府的政策不能及时适应农业产业化发展的新形势，不能及时为农业产业化发展提供有效的政策性支持和法律法规保障；有的不能考虑农业市场的实际情况，在产业引导和政策制定上把农业产业化发展引入了误区；有的甚至直接采取行政命令的方式干预农业生产和农业产业化创新发展，直接明确市场的交易方式、交易价格和交易时间，给农业产业化发展带来损失。

图 3-4 展示了传统农产品供应链和现代农产品供应链两种模式的区别。

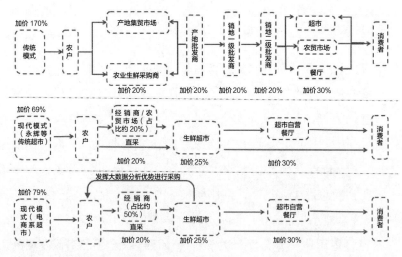

资料来源：川财证券

图 3-4 传统农产品供应链和现代农产品供应链对比

另外，在农业产业化进程中，我国很多地区特色农业存在产业化不足的情况，这是因为政府对当地农业资源和特色了解不够深入，农业区域规划布局的统筹规划不足，没有稳定的农业生产基地，缺乏带动农业产业化发展的龙头企业，无法实现农业的规模效应。

2018 年 2 月初，《关于实施乡村振兴战略的意见》指出，农业产业化经营是提升农业劳动生产率以及提高农业市场化程度的策略，应该重点扶持、发展和培育合作社、家庭农场、龙头企业、农业产业化联合体以及社会化服务组织，发展适度规模、多种形式的农业经营加工销售主体。农业企业是农业产业化的扶持重点，特别是农业大型龙头企业。这为我国农业产业化发展指明了发展方向，地方政府的农业产业化相关政策，应该提升针对性，更应该根据地方实际，体现政策的灵活性，促进当地农业产业化的健康有序发展，落实乡村振兴战略。

3.1.2 痛点二：组织不协同，产业链条断裂

农业与其他产业的重要区别就是农业的生物学特性，农产品是具有生命的产品，要求农业产业链各环节有较强的互动联系机制。供需是农业产业链的两个核心环节，供需之间的联动直接决定产业链的完整程度。产业链的顺畅运行要求供给与需求协调，各环节环环相扣衔接紧密协调。只有产业链供需之间的每个环节都顺畅运转，才能实现农业产业链的健康运行。

我国农业产业化发展的现阶段，农户家庭经营是主要形式，有"小而全、小而散"的特点，伴随农产品市场的发展和经济全球化的推进，这种形式制约着农业专业化、规模化，影响农产品优质化、标准化、品牌化，进而导致农业产业化的组织协同不足，制约农业发展。

农业产业链的断链是指产业环节或部门的孤立，这样的环节或部门孤立存在，未能与其他相关环节或部门发生紧密的技术经济联系，也就无法与其他环节产生协同效应，既限制了自身效能的发挥，也制约了链条整体效能的实现，使得产业链的价值无法充分实现。农业产业链发生断链的原因主要是产业链条上的上游与下游距离过大，中间缺乏必要的产业环节，

导致链条的供给与需求之间脱节，无法实现信息的充分沟通。还有一种情况是链条上的供给与需求不匹配，供给大于需求或者供给小于需求，无论哪种情况都会制约上下游产业间的配合，导致资源浪费。

产业链断裂是我国农业产业链的突出问题。农业产业链是与农产品生产相关的不同产业的各环节有机构成的，链条作用的发挥、链条价值的实现，依赖于各环节的相互匹配、相互协调、相互促进。我国很多地方都未实现产业化农产品市场，仅靠龙头企业实现产业化，产业化程度较低。在没有产业市场情况下，公司与农户的联结一定是断裂的或者不够紧密。一般而言，地方产业市场的形成需要区域有三五十家具有一定品牌影响力的龙头企业，仅三五家龙头企业根本无法形成市场，带动农户种养殖，实现产业整体发展。产业市场是公司与农户形成联结的媒介，没有市场就会产生"企业孤立、农户无利、企业与农户对立"的多重困局，制约农业产业化的发展。图 3-5 展示了中国农产品产业链与日本、美国的对比。

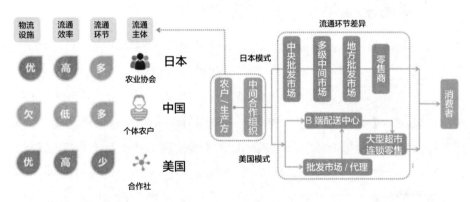

资料来源：艾媒咨询

图 3-5　中国农产品产业链与日本、美国的对比

与此同时，我国农业产业链组织化程度偏低，与农业产业化的要求有一定差距。一是我国农业基本生产整体结构不够紧密，缺乏有效组织。

以家庭联产承包经营为基础、统分结合的双层经营体制是我国的基本农村组织形式，也因此决定了家庭生产经营在农业生产中的主体地位。家庭生产的独立性和分散性导致我国农业生产组织化程度低，没有系统、全面的计划和对市场合理的预测。

　　二是农民组织化程度低。农民组织化是指经营规模小、经营范围分散、经济实力弱、科技水平低的传统职业农民，按照一定的原则和一定的方式，转变为有组织性地进入市场与社会的现代农民的过程。我国农民目前的整体素质和文化程度有限，农业技术水平迫切需要提升。

　　三是农村合作经济组织化程度低。我国农村合作经济组织目前发展还不是很完善，农村经济组织依托产业趋势明显；农村经济组织覆盖面较窄且功能单一，对产业链的覆盖程度不够，多数集中在生产阶段，对加工、销售的覆盖不足；农户的管理程度不足，受自然风险影响较大，缺乏真正的风险共担和利益共享的共同体设计机制。同时，专业合作社机制不健全，管理不完善，实力不够强，难以适应农业产业化经营的要求，产业链短，整体效益低。

　　我国农业产业链的同质化生产现象比较严重，缺少有明确产品定位的农业生产企业，进入市场的环节短而少，以至于农副产品没有形成核心竞争力；即使有些优质品牌，也很难长期坚持做到质量始终如一，缺乏品牌意识，品牌管理水平低，导致农业产业开发的深度不足，与消费者日益多元化的需求存在较大的差距。

3.1.3　痛点三：利益不均衡，信用体系缺失

　　科学合理的利益分配机制是促进农业产业化创新发展的关键环节，是加快农业产业化创新步伐的核心和动力。我国农业产业化发展的现阶段，多数企业与农户之间仍是松散的买卖关系，我国农业领域的"利益均沾、风险共担"的利益联结机制还没有真正建立起来，缺少实际可操作的手段，导致农业价值链松散，无法形成农业产业的整体发展。

　　农业产业链由多元经济主体构成，共同的经济利益驱使农业经济主体联结在一起。在链条最上游的是农户，由于农户提供的是最简单的初级农副产品，很少进行处理和初加工，农户经营分散、规模化程度低、商品化水平低和组织化程度弱以及市场供求信息不对称的特点，导致龙头企业掌握着农产品的实际定价权和产业链掌控权。农户由于弱小和分散而处于农

业产业链条中的劣势地位，完全不具有和龙头企业谈判的能力，从而只能被动地接受不公平的利益分配，也很难分享到产业链升级带来的增值收益。农户和农业产业化企业之间还没有形成紧密的利益联结，合同不够规范、履约能力和约束性较弱，农户参与分配的农产品增值利润较小，农业企业与农户之间的矛盾冲突时有发生。

在我国很多地方没有产业市场情况下，公司与农户的联结一定是断裂的，利益联结机制是不健全的。农业产业化中的利益不均衡，直接引起农资和农产品的特性与加工企业的要求不符合，而我国农产品分布广泛且分散的格局，导致很难形成农产品的区域优势，也制约着农业产业化的发展。

在农业信用体系建设方面，近几年全国各地稳步推进对农资和农产品生产经营企业、社会化服务组织、农业合作社、家庭农场、种养大户等重点对象的信用评价。农业信用体系建设取得阶段性成效，但总体上还在起步发展阶段，仍然存在不少困境，如农业数据缺失、失真、数据量少等问题，农业信用工作组织体系也不够完善，无法支撑农业信用体系建设；农业信用管理制度还不全面，守信激励和失信惩戒机制运行不顺畅；信用信息系统存在数据孤岛、彼此无法互通信息等现象较为普遍；农业信用服务市场化运作不够成熟，信用主体权益保护未完全到位，风险监管机制不够成熟；农业产业链各主体的诚信守法意识尚有欠缺，履约践诺的良好氛围没有真正形成。图 3-6 展示了我国的农村金融体系。

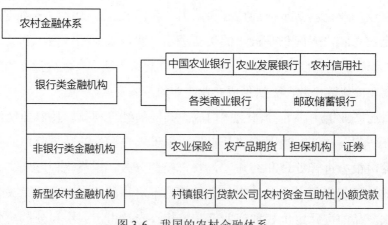

图 3-6　我国的农村金融体系

在具体的农业信用评价实践中，农业信用信息采集模式不尽统一。现阶段，随着我国城镇化的加速发展，很多中青年农民放弃农业生产，选择外出务工，从事第二和第三产业服务，这些居民的身份变化频繁，信息采集难度较大；新型涉农主体等变更较快，既定的信息采集对象难以界定；涉农企业信息需综合考虑职业、收入、资产、负债、品种、面积、产值、产业化程度等人、财、物、土地等多种因素，种、药、肥等投入品以及产出的各类农产品，信息采集的范围、内容等尚未统一，且各地差异较大；农业的季节性较强，数据变化较大，对采集人的专业水平和信息的时效性要求较高，农业信用基础数据库也不够健全规范。

除此之外，我国工业领域的信用评价价值、风险管理体系方面的研究较为完善成熟，但我国农业信用评价体系的研究相对欠缺，当前农业信用体系建设没有形成规范的数据信息采集标准，且一系列关于社会信用的法律法规和政策文件颁布实施后，某些信息须经相关主体认可后才能采集，信用体系建设不平衡性明显，评价标准不一，结果差异较大。

3.1.4　痛点四：信息不对称，买难卖难并存

农业产业发展中的"蛛网效应"一直存在且影响较大，农业产业化发展中的信息不对称和买难卖难现象较为普遍。在生产方面，农民在选择培育品种时，由于缺乏对农产品市场的了解，很难选择出受市场欢迎的品种，也无法选出适合在自身耕地条件下生长的农作物种类。就我国的鲜活农产品和小宗农产品而言，这类农产品集中上市时，由于上市量较大而导致价格较低，淡季供给量不足而导致价格较高，因而具有明显的周期性、季节性波动特征。

农产品面临的自然风险较大，容易遭受灾害而导致产量降低、品质出现较大波动，天气异常变化、小规模生产模式以及流通环节低效率等因素更加剧了鲜活农产品的价格波动。而葱姜蒜、绿豆、干辣椒等小宗农产品由于产地相对集中，主要产地的产量集中度很高，更容易受自然灾害影响，加上耐储存、市场容量小的特性，市场反应较敏感，一旦减产后价格大涨

又刺激种植面积盲目扩大，从而导致下一个种植周期价格大跌，而且容易受到人为控制和炒作，通过人为控制农产品收储和上市供应，直接操控价格，导致价格偏离合理市场价格较多。

我国主要农产品市场波动核心原因是供需不平衡。蔬菜等鲜活农产品由于易腐烂、难储运的特性，受市场、信息、气候等因素影响大，加上我国农业生产、加工、储藏、物流和消费的产业链条不健全，容易出现局部地区个别品种"卖难"。另外，在我国农产品流通体系方面，我国农产品"最初一公里"未完全打通，农产品产地市场发展缓慢，特色优质农产品区域产地市场发展滞后，特别是贫困地区缺少预冷库、保鲜库、冷藏车、电子结算等基础设施，分级、分选、包装多由人工完成，没有形成区域化、规模化、专业化的市场服务体系。由于预冷、冷链发展滞后，农产品在运输中损耗多、产品运输距离长，中间环节过多，流通环节层层加码现象普遍，农产品流通成本较高，经常出现原产地价格低到没人要、市场地价格居高不下的情况。市场信息不畅，主产区和主销区产需信息沟通渠道不通畅，农产品的市场需求与生产供应无法有效衔接，大多数贫困地区农户都是通过邻里乡亲获取产品销售信息，无法通过正规渠道和现代传媒手段获取信息，这导致农产品价格波动剧烈现象频繁发生。

目前我国农业结构性产能过剩，农产品销售市场为买方市场，农业企业没有定价主动权，产品价格受市场左右或者由流通环节掌控，价格波动较大，"姜你军""蒜你狠"现象时有发生，尤其有些农业企业因项目选择不当，产品跟市场没有接轨，不能得到消费者认可；或者生产的产品缺少创新性，或品质不高，缺乏市场竞争力；或者营销做得不好，好的产品不能卖出好价钱，甚至造成产品滞销和积压。总之，产品销售不畅会影响农业最终效益及其发展动力。图3-7展示了我国农产品销售渠道占比。

此外，消费者对所购买农产品全流程的信息掌握不足，农产品质量及品质很难从外观直观判断，若质量溯源体系无法提供真实准确的全流程溯源信息，消费者无法得知高价农产品好在哪里、农产品管理如何、生长环境状况如何，只有一小部分人会选择购买，绝大部分消费者会选择价格较

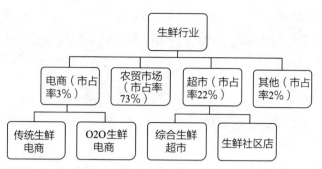

资料来源：Euromonitor，川财证券

图 3-7　我国农产品销售渠道占比

为低廉的农产品，优质无法优价、劣币驱逐良币现象普遍。除此以外，问题农资充斥我国农业市场，小农户又缺乏生产高质量产品的能力与技术，一味地追求经济效益，生产出的农产品质量不够稳定，导致我国农产品在国际市场上没有竞争力。

3.1.5　痛点五：标准不统一，优质劣质混杂

农业标准化是指根据市场需求，运用标准化的"统一、简化、协调、选优"原理，对农业生产产前、产中、产后全过程，制定并实施相关的系列标准，加速先进农业科技成果的推广应用，确保农产品的质量和安全。农业标准化是实现智慧农业的一项综合性技术基础工作，它要求农业生产遵从统一的生产环境标准、统一的生产技术规范、统一的产品质量标准并通过统一的手段实施监测。

我国农业标准化正处于试点和起步阶段，与国外先进的农业标准相比，还存在很大差距。我国现已制定的农业标准中，制定标准的组织不同、出发点不同、制定标准的时间仓促等原因，导致现有标准不全、不统一等问题较多，同时标准质量不高，产中技术规程多，产后标准少，与市场流通直接相关的标准太少，标准的可操作性不强等。除此之外，我国农业标准的实施力度不足，农业标准的实施是整个农业标准化工作的一个关键环节，只有在实践中才能发挥其应有的作用和效果；只有在贯彻实施中才能对标准的质量做出正确的评价，才能发现标准中存在的问题，从而修改和完善；

再好的标准，如果不付诸实施，犹如一纸空文，不会有任何效果，不会产生任何效益。图 3-8 展示了中粮农产品产业链质量控制体系。

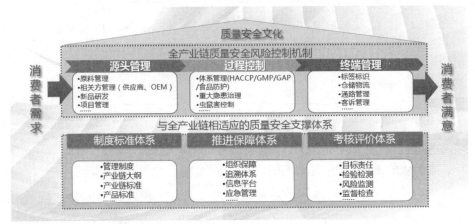

图 3-8   中粮农产品产业链质量控制体系

农业标准的不统一，导致我国农产品优劣质混杂的现象较突出。农业生产是一项系统工程，但农业企业普遍存在管理人员和技术人员配合不默契，各自为政，责权利不明确，公司缺乏骨干技术力量，项目实施过程偏离目标；老经验和新事物不匹配，或者按书本行事，照搬照抄，对新产品的生产技术一知半解，理论上理解不透、技术上把握不准。有的公司临时聘用专、兼职技术人员，进行技术指导，但因农业产业的从业人员年龄偏大、文化水平较低，对新技术理解不透彻，掌握不了，贯彻执行不到位，而企业的监督检查力度不够，功亏一篑，导致产品产量下降、品质低劣，优质、劣质农产品并存，农产品的商品性不高，降低了企业的最终效益。

3.1.6   痛点六：风险不可控，投资融资不畅

传统金融在保证农村大企业信贷供给的同时，对小微企业和普通农户的供给明显不足。中国社科院农村发展研究所杜晓山撰文指出，作为农村金融服务核心部分，对农村住户贷款业务面临现实挑战。我国农村金融的挑战和问题主要集中在三个方面：一是农村住户储蓄转化为对农村信贷的比例不高；二是农村住户信贷中转化为固定资产投资的比例不高；三是农

村住户贷款与农村住户偿还能力的匹配度不高。这"三不高"集中反映了传统金融在农村资源配置方面的能力不足。贷款转化比例不高说明农村住户的储蓄资金逃离农村的现象突出，统计数据显示，东部和中部地区普通农户的存贷比分别仅为 1.7% 和 2%。

我国农业产业化企业获取金融资本能力不强。对企业发展而言，资金是命脉，是产业发展的基石，无论是农产品研发、种养殖、加工还是市场推广，都需要大量的资金投入。农业领域因为自身的特殊性，自然风险和经营风险高、投资收益低，一直是各类金融资本最不感兴趣的领域，这也直接限制了农业产业化和农业创新的速度。同时，农业产业化企业一般倾向于季节性收储农产品，因而资金占用较大，自有资金很难满足其发展需求，而其资产价值相对较低、负债率高等问题又阻碍了金融资本的借贷和投入，这使得资金短缺问题成为限制我国农业产业化创新发展的最普遍和最严重的问题。

我国大部分地区农业生产还处于传统农业阶段，农业现代化程度低，农业生产成本高、效率低。现代农业投融资虽有财政投入、金融信贷、农户投资、社会资本投入等多种方式，但政府资金投入占主要部分，因而投资方式单一。政府作为公共投资的主体，并不以利润最大化为目标，更多追求民生优先、政绩突出，缺少提高资金使用效率的激励机制和约束机制，导致农业产业化发展较慢。融资主要依靠金融机构信贷支持，渠道单一，主要流向农业基础设施领域。现代农业建设投资种类多、内容广、各种投资渠道特性差异大，完全依靠政府财政投资将阻碍其他资本进入现代农业领域，造成投资方式和融资渠道单一的困境。此外，农户及农业合作组织偏好把剩余资金存入银行，而银行通过信贷将多数资金用于支持非农建设，农村资金外流现象严重，在一定程度上加剧了农业基础设施资金的短缺程度，导致投资吸引力不强，投资量少。

资金缺乏是许多农业企业面临的现实问题，资金缺乏影响着企业的正常运行及扩大再生产。农业产业投资周期较长，资金回收慢，许多农业企业在运作初期对产业前景估计过于乐观，对困难估计不足，对各种费用估算不够科学合理。

自然灾害风险存在不可预测性，农业领域经常会出现大幅度减产情况，导致企业出现收益下降和资金流困难紧张情况。例如种植业会因气候条件、病虫害等灾害而造成减产甚至绝产，使得企业收入大幅度减少。特别是很多农业企业摊子铺的太大，流转土地几千甚至上万亩，基础设施投资占用资金量较大，固定资本所占比例偏大，资金需求很大；农业企业面临的市场风险大，银行贷款准入条件高，一般都需要抵押物，因此农业企业在融资时得不到国民待遇，融资难、融资成本高问题突出。我国农村土地抵押贷款才刚起步，民间借贷成本高，国家扶持资金有限等，使得很多农业企业的正常经营或扩大再生产出现资金短缺的情况，甚至不少企业因资金断链而破产或濒临破产，这些都制约着农业产业化的发展。

3.1.7　痛点七：创新不协同，科技贡献较低

农业产业化企业作为连接农户和市场的纽带，其创新能力直接关系到农业产业化发展程度，关系到农户的经济收入。我国许多农业产业化企业还停留在农产品的初级加工阶段，在精深加工和高附加值产品研发上投入不够，没有形成精细的产业链，创新带动作用发挥不明显。一些地区的农业产业化企业普遍规模小、抗风险能力弱，辐射带动作用不强，很难抵御市场波动风险。这一方面是受企业自身缺乏发展规划和品牌意识影响；另一方面，与我国农产品的质量安全体系建设和追溯体系建设缓慢，导致企业在创新上缺少积极性和主动性，没有形成竞争优势有较大关系。

我国当前农业科技创新主体呈现多元化特点，大专院校、科研机构和涉农企业共同支撑了农业科技的创新，但依然存在创新能力不足的问题。主要体现在创新主体未能适时地满足企业的需求，尤其在企业迫切需要的实用型技术方面，成果依然相对匮乏，创新能力有待进一步提高。农业产业化程度低、农产品加工流通产业链条短的问题使得我国的农业技术推广难度非常大，推广一项技术需要与同一产业链条上的多个公司或机构进行协调和沟通，才有可能付诸实施。因此，加快农业产业化水平提高的速度将有助于农业技术的推广。

在农业科技创新过程中，技术研发和推广应用均需要配套的服务体系。目前，我国的科技创新服务平台主要以现行体制中的农业技术推广部门为主。但在地方的实际农技推广服务中，农技服务人员普遍存在素质偏低、知识老化、服务理念陈旧、观念滞后等状况，难以适应当前农村产业对技术的迫切需求，无法满足农业产业发展的需求。从服务水平层面来看，现有的农业生产服务主要集中在种植和养殖领域，总体农业服务供给量不足，尤其是农畜产品贮藏加工以及先进的农业生产技术等，无论是数量还是质量，远远不能满足发展的需求。

我国农业科技应用程度较低，科技成果转化程度不足，这与农业生产经营者的自身素质有密切关系。一方面，农民作为农业生产的主体，受教育程度偏低，缺乏对产业化科学知识的学习，加上大部分有文化、有头脑的年轻人选择进城务工，导致农业企业管理队伍科学素质偏低、管理水平有限、抗风险意识不强，影响了产业化生产、加工、管理、营销等一系列环节。另一方面，掌握专业农业知识的大学生毕业后绝大部分选择留在城市就业，这样一来，他们学到的科学技术以及科技成果得不到有效传播与应用，农业企业缺乏优秀的专业管理人才，阻碍了农业产业化发展的进程。图3-9说明了我国农民的演进路径。

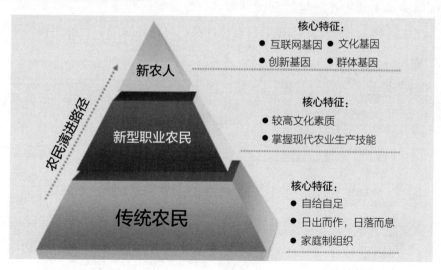

图 3-9　我国农民的演进路径

3.2　从互联网思维到区块链思维：智慧农业理论体系发展

智慧农业被视为继植物育种和遗传学革命之后的又一次农业新技术革命，将彻底改变现代农业生产经营方式与管理模式，使农业进入数字化、网络化和智能化发展阶段。智慧农业是数字技术科技创新的新场景，科技创新与农业产业的深度融合，不仅会催生农业产业发展新动能，也会引发数字技术、数据科学、人工智能和区块链等技术创新。

3.2.1　智慧农业基础理论支撑

智慧农业是农业生产的高级阶段，集新兴的互联网、移动互联网、云计算和物联网为一体，强调的是智能化的决策系统，配之以多种多样的硬件设施和设备，是系统加硬件的整体解决方案，依托部署在农业生产现场的各种传感节点（环境温湿度、土壤水分、二氧化碳、图像等）和无线通信网络实现农业生产环境的智能感知、智能预警、智能决策、智能分析、专家在线指导，为农业生产提供精准化种植、可视化管理、智能化决策（见图 3-10）。

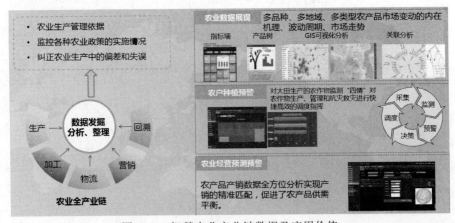

图 3-10　智慧农业产业链数据及应用价值

　　智慧农业是复杂的软硬件相结合的系统应用，需要众多的理论支撑和基础研究，基础支撑理论包括六次产业理论、系统工程理论、农业科学理论、地理信息系统、遥感技术、农业大数据理论等。

1. 六次产业理论

　　智慧农业覆盖了从土地到餐桌的全流程，包括农资投资、农业管理、农产品生产加工、农产品流通、农产品品牌、农产品标准等诸多方面，是六次产业理论在农业方面的应用。六次产业化是在 20 世纪 90 年代由东京大学名誉教授、农协综合研究所所长今村奈良臣提出的一个概念，意思是将农业扩展至食品加工（第二产业）、流通销售（第三产业）等方面。发展六次产业的目的是通过传统农业向第二、第三产业延伸，追求农产品的高附加值，进而增加农民收入。六次产业化的核心在于一体化和融合，即以农业为主体，第二、第三产业附着其上，相互融合，从而使得原本作为第一产业的农业成为综合产业，形成农产品生产、加工、销售、服务、观光等的一体化。

　　随着时代发展，六次产业理论的内涵也在不断演进。复旦大学张来武教授结合社会实践对六次产业理论进行了系统性、具象化归纳、总结和提炼。六次产业理论依据劳动对象和产业任务的不同，将国民经济划分为六次产业，即获取自然资源的产业（第一产业）、加工自然资源以及对加工过的产品进行再加工的产业（第二产业）、获取并利用信息和知识资源的产业（第四产业）、获取标准构建品牌的产业（第五产业）、传统农业向第二、第三产业延伸形成的产业（第六产业）和为其他五大产业及社会生活提供服务的产业（第三产业）。在六次产业理论中，第四产业最主要的功能是利用信息通信技术以及互联网平台，促进互联网与传统行业进行深度融合，创造新的发展生态，提升传统产业的运营效率。第五产业最主要的功能是将文化创意融合在各领域之中，提升各行各业的产品和服务品质，增加附加值、塑造品牌、提升市场竞争力，更好地为经济结构调整、产业转型升级服务。

　　智慧农业借助六次产业理论，形成了全产业链创新生态系统理论，效果主要体现在以下方面：一是打通了产业链，解决产业流程分割问题；二是通过对产业链、供应链、价值链的整合，缩短了流通环节、降低了成本，实现了集聚产业要素、优化产业资源、重构了产业价值体系；三是做好了产业服务，协调生产组织、产业管理、产业服务的关系；四是通过聚合文化创意与互联网，实现品质、品牌、价值的极致化；五是通过创意创新，提升了产品工业设计水平、提高了产品品牌价值、增强了全球产业价值竞争水平；六是通过产运销相结合、价值分配合理化、管理体系协调化发展，进而实现了创新产业发展新理论、实现产业发展共享新模式。六次产业理论不仅可以在原来基础理论之上进行创新思考，同时在理论应用的范围也有必要进行扩展式探讨与尝试。

2. 系统工程理论

系统工程的研究对象是系统，系统由相互联系、相互作用的许多要素结合而成，是具有特定功能的统一体，具备集合性、相关性、层次性、整体性、目的性等属性。系统工程是从整体出发合理开发、设计、实施和运用系统科学的工程技术，用于组织管理系统的规划、研究、设计、制造、试验和使用，是对所有系统都具有普遍意义的方法和技术。

在智慧农业的平台建设中，系统工程的思想贯穿始终，对平台价值提升发挥了重要作用。农业包含种植业、林业、畜牧业和渔业等国民经济基础产业，系统工程的思想对智慧农业建设的指导作用至关重要，可以明确智慧农业建设的目标、任务、方法，为智慧农业技术平台建设提供工作基础，为农业宏观决策提供理论支持。

系统工程不同于其他传统的工程技术，是定性研究与定量研究的综合集成，注重整体性与系统优化，科学地研究问题和解决问题。在智慧农业建设过程中，涉及人力、物力和财力的投入和配置，系统结构的组织和优化等问题，需要运用系统工程与软件工程思想和方法结合智慧农业的特点来建设，使系统结构最优化，系统中的各功能模块合理布局，发挥最好的作用。系统工程方法论对智慧农业实现系统模型化和最优化，包括明确设计目标、可行性分析、方案优化选择、确定评价指标、系统总体设计、详细设计和方案实施等七个步骤。

3. 农业科学理论

智慧农业的建设离不开基础的农业科学理论支撑，智慧农业是为农业服务的，旨在提升农业生产效率、产品品质和产业竞争力。农业科学是研究农业发展的自然和经济规律的科学，是关系到国民经济社会发展的重要基础性学科，加强农业科学研究是推动现代农业发展和技术进步的重大需求，是提高我国农业和农业科技国际竞争力的战略选择。

农业科学是一门多学科交叉、理论与实践紧密结合的综合性学科，分支学科主要包括作物学、园艺学、植物保护学、食品科学、畜牧学、兽医学、水产学、农业生物组学等农业基础和交叉学科等。农业科学的研究对象主要是具有高度进化的形态特征、复杂的遗传生理基础的各种农作物、林木、畜禽、鱼类等。这些物种的生长发育与所处环境密切相关，并受到各种生物和非生物因素的限制，农业生产目标要同时考虑农产品产量、品质环境等方面，因此农业科学具有复杂性、系统性和实践性的特点。

农业科学的发展规律主要体现在：人类食物需求、社会经济需求、环境生态需求和安全需求是农业科学不断发展的原动力；理论与实践紧密结合是农业科学发展的核心生命力，农业科学基础成果转化迅速，直接支撑农业和国民经济的发展；农业科学各分支学科之间及农业科学与生物学、化学、医学、资源与环境等学科的不断交叉渗透、协调发展是农业科学发展的重要方式。农业科学的基础性、公益性、前沿性等特点突出，因此科研组织形式要在国家支持下，开展大联合、大协作。

4. 地理信息科学

我国农业分布广泛，智慧农业的建设离不开地理信息系统的支撑。地理信息系统是以地理空间数据库为基础的技术系统，采用地理模型分析方法，适时提供多种空间和动态的地理信息，服务地理研究和地理决策服务。经过半个世纪的发展，地理信息理论与技术已经相当成熟，并得到了广泛应用。在资源管理、环境评估、灾害预测、国土管理、城市规划、交通运输、水利水电、森林牧业等领域，地理信息系统的作用与贡献十分显著。

地理信息系统以计算机技术为核心，以遥感技术、数据库技术、通信技术和图像处理等技术为手段，以遥感影像、地形图、专题图、统计信息、调查资料及网络资料为数据来源，按照统一地理坐标和分类编码，对地理信息进行收集、存储、处理、分析和显示应用，为有关部门的规划、管理、决策和研究提供服务。

地理信息系统作为智慧农业的核心技术，其应用主要有承载平台与基础作用，各种数据的流入和流出以及对信息的决策管理都要经过地理信息系统决策；作为核心组件，地理信息系统将其他硬件软件系统组合起来，起到搜集熔接作用；用于各种农田土地数据的采集、编辑统计以及分析不同类型的空间数据；可以完成如作物产量分布图等农业专业地图的绘制和分析等重要工作和环节。图 3-11 展示了大数据 GIS（地理信息）系统技术架构。

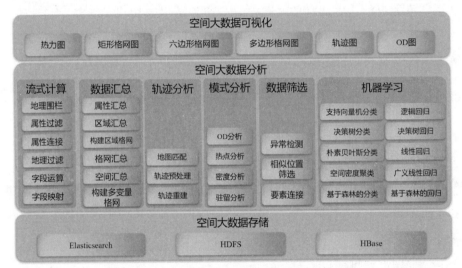

图 3-11   大数据 GIS（地理信息）系统技术架构

当然，地理信息系统在精准农业方面的用途不止于此，在评价农业药品的投入和产生的效益与作用、农田的灌溉空间分布、污染综合治理、农业气象规划、农作物产量估计、病虫害管理工作等方面也发挥重要的作用。随着地理信息系统功能不断开发，地理信息系统会在更多具体领域中发挥作用。

5. 遥感科学

遥感技术是在不与目标对象直接接触的情况下，通过某种平台上装载的传感器获取特征信息，然后对获取的信息进行提取、判定、加工处理和应用分析的综合性技术。遥感技术系统是一个从信息收集、存储和处理到判读分析和应用的完整技术体系，包括遥感平台、传感器、遥感数据接收与处理系统、遥感分析解译系统。

随着科技的发展，遥感在农业中的应用也越来越普遍，传统农业看天看地看作物，现在农民也成为看手机的"低头族"，从高空的卫星、低空的无人机到地面的各种现代农业物联网传感器，越来越智能的技术正在逐渐应用到传统农业中，通过天空地一体化的信息采集技术与装备，实现对农业数据的感知和诊断，并最终实现精准化种植和智能化管理。图 3-12 展示了遥感技术卫星及应用。

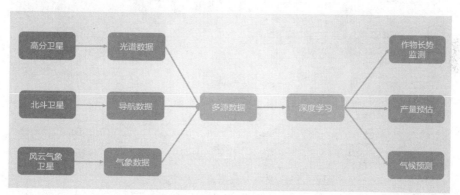

图 3-12　遥感技术卫星及应用

在智慧农业的具体应用中，遥感影像可实时记录作物不同阶段的生长状况，获得同一地点时间序列的图像，计算分析不同生育阶段的作物长势。作物长势遥感监测建立在绿色植物光谱理论基础上，同一种作物由于光温水土等条件的不同，其生长状况也不一样，卫星照片上表现为光谱数据的差异，根据绿色植物对光谱的反射特性，可以反映出作物生长信息，判断作物的生长状况，从而进行长势监测，及时发布苗情监测通报，可为指导农业生产、预测作物单产和总产提供重要的依据和参考。

6. 农业大数据科学

农业大数据主要是对各种农业对象、关系、行为的记录和反应，是农业科学研究和应用的基础资料，是智慧农科系统健康运行的支撑，但是由于技术、理念、思维等原因，农业数据的分析挖掘工作开展不足，价值尚未充分显现。

农业大数据不是脱离现有农业信息技术体系的新技术体系，而是通过快速的数据处理、综合的数据分析，挖掘分析数据之间潜在的价值关系，对现有农业信息化应用进行提升和完善的一种数据应用新模式（见图3-13）。农业大数据主要运用在为农业生产产前、产中、产后提供全程服务，为政府决策提供咨询、指导，为企业生产、转型、市场营销提供咨询、指导，为企事业单位科学管理提供咨询、指导等方面。

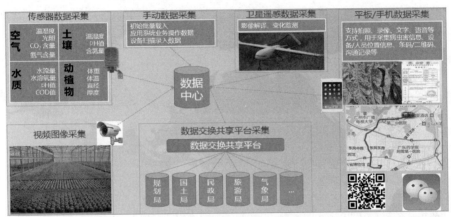

图 3-13   农业大数据采集及交换共享

农业大数据是将农业要素数字化并进行有效采集、传输的过程，经过多年的发展，目前我国的农业大数据已初具规模。农业大数据分为结构化农业数据和非结构化农业数据。结构化农业数据是专业化、系统化的农业领域数据，可存储在数据库中进行统一管理，数据格式统一；非结构化数据是数据结构不规则或不完整，没有预定义的数据模型，难以用数据库二维逻辑表来表现的数据，包括文档、文本、图片、XML、HTML、各类报表、图像、音频、视频信息以及农户经验等，数据形式更加灵活。

3.2.2   从互联网进化看区块链机遇

智慧农业的不断进步和发展，也为区块链技术在智慧农业中的应用打下了坚实基础。我国智慧农业仍处于起步阶段，面临着众多的挑战与机遇（见图3-14）。

资料来源：艾媒咨询

图 3-14　我国智慧农业发展面临的挑战与机遇

　　我国农业体系依然是小生产大市场，技术基础较差，农民素质有待提升，这使得农业高新技术难以走进家家户户，阻碍农业的现代化、智慧化进程；农产品的生产、销售过程不够集中，生产者和消费者在位置、距离、链条上的位置都相距较远，导致流通环节多且杂乱，环节成本增加，整体流通成本较高；食品安全事件依然时有发生，农产品质量监督依然不能覆盖从土地到餐桌的生产、加工、流通和销售等产业链的全部环节，食品安全溯源尚未成熟应用；农业领域信息不对称，生产者和消费者之间的信息孤岛、信息鸿沟依然存在，无法实现农产品供求信息的透明化，导致农业采购价格偏低，消费价格偏高的不对称。

　　这些既是智慧农业发展面临的挑战，也是区块链在智慧农业中施展拳脚的舞台。从这个意义上说，区块链的兴起恰逢其时，区块链技术为智慧农业的突破发展奠定坚实的基础，二者的结合能够解决智慧农业的难题，助力智慧农业的发展，实现区块链与智慧农业的融合发展。首先，区块链中的块链式数据结构、分布式节点共识算法、密码学的数据传输方式、智能合约自动执行等能建立智慧农业的信任机制，保障数据安全，实现数据和价值的共同传递，与大数据、物联网、云计算和人工智能等技术一样，将成为智慧农业的重要支撑技术；其次，区块链还有维护数据安全、保障诚信、沟通价值的作用，为智慧农业提供支撑，更有可能建立智慧农业的新秩序。因此，全面认识区块链的基本内涵，创造性地应用区块链的发展理念，发掘区块链的技术优势，深入研究区块链的核心功能和应用，实现农民增收和农业发展，是区块链助力智慧农业发展的重要任务，也是未来智慧农业发展的必然趋势和新路径，是乡村振兴战略的有力支撑。

3.3　区块链在农业领域的应用图谱

3.3.1　品质管理与食品溯源

农业产业化过程中，生产地和消费地距离拉远，消费者对生产者使用的农药、化肥以及运输、加工过程中使用的添加剂等信息根本无从了解，信息不对称导致消费者对产品的信任度降低。基于区块链技术的农产品追溯系统，所有的数据一旦记录到区块链账本上，将不能被改动，依靠不对称加密和数学算法的先进科技从根本上消除了人为因素，使得信息更加透明，完整记录农产品种养殖过程中的操作，掌握农产品全过程的检测指标数据，保证农产品的品质管理数据完整性和准确性，实现农产品品质评价的权威性。

在传统追溯体系中，从农产品生产者到加工企业，再到仓库或配送，最后送达零售商的整个过程中存在诸多漏洞，每个环节都采取填报记录方式，如果消费者想要掌握所购买农产品的生产地等情况，需要耗费几天时间查询。一旦农产品出现问题，想要查明问题来源，都需要长时间的调查取证，以便做出决策。而通过区块链技术，每个商品对应唯一的溯源码，商品上链后，消费者扫描防伪码即可查到产品全流程动态信息，建立农产品行业可信的"数字身份证"，消费者及监管机构几秒内就可以得到答案，极大地提高了效率。

区块链技术不仅可以建立用于溯源的信息，还可以检查生产时间、当地气温、水源和土壤的参数、是否有食品安全认证、有无有机生产等信息透明度的情况。区块链技术对建立更安全、更经济、更可持续的食品体系发挥了积极的意义。农产品质量安全追溯系统区块链构架，参照区块链系统的层次（数据层、网络层、契约层、认识层、奖励层和应用层）构建，如图3-15所示。围绕农产品质量追溯体系运行规则，区块链系统中，所有节点的权限和义务都是平等的。在加密技术、共识算法的保障下，追溯系统参与者在掌握真实信息、相互信任的前提下，根据业务操作流程完成工作的各个环节。整个系统不设置集中的管理核心，企业甚至不需要建立服务器、终端设备等硬件系统，可大大降低系统建设、协作的成本，提高信息和数据的完整性、准确性及产业链价值。

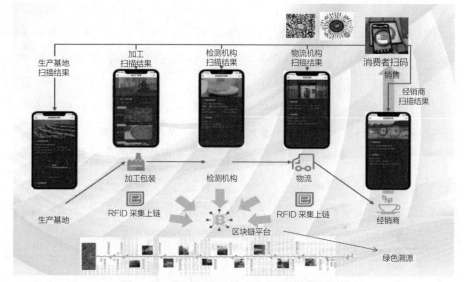

图 3-15　基于区块链的农产品质量追溯体系

　　基于区块链的品质管理和农产品溯源主要解决了以下 5 个问题，实现价值提升。

　　一是区块链技术去中心化地解决了物联网信息大规模应用问题。随着物联网设备覆盖生产基地数量的增加，农业物联网的信息采集模块数量呈现指数增长，物联网节点与中心平台进行数据交换，中心平台集中管理节点数据的负载日益艰难，网络资源消耗将逐渐增多。在区块链体系下，物联网模块通过内置芯片的方式，借助加密算法、分布式台账和共识信任等信息化机制，物联网数据被采集后无须中心认可，即可直接写入数据区块并记录到区块链，从而进入整个追溯体系。

二是区块链技术的共识机制解决了数据真实有效问题，提升数据价值。区块链数据库中的所有数据都会及时更新并存放于参与节点的系统中，实现共识机制。全网每个节点在参与记录的同时也会验证其他节点记录结果的正确性。只有当大部分节点（甚至所有节点）都同时认为记录正确时，记录的真实性才被全网认可。在此机制下，质量追溯体系的交易信息由各参与主体集体维护，既保证了数据真实性，也降低了中心化管理系统遭受攻击或造假风险。

三是区块链技术壁垒解决了商业信用问题。在共识机制和加密算法的协议下，区块链可以低成本构建多边的去中心化的信任环境，真正实现农产品"责任主体有备案、生产过程有记录、主体责任可追溯、产品流向可追踪、风险隐患可识别、危害程度可评估、监管信息可共享"的管理目标，重塑质量追溯体系公信力，让供需两方都放心认可，让农产品的优质优价得以实现。

四是区块链技术经济便捷地解决了应用动机问题。农业产业链的联盟链的建设和管理主要由国家政府部门、机构、大型企业承担，对成本较为敏感的中小企业可以根据自身业务的需求选择接入，通过大节点提供的 API 进行区块链的交易写入，实现每一条记录的可追溯和可验证。

五是基于区块链技术构建农畜产品的智慧种养殖平台，能够提升农产品种养殖接地的 GAP 管理水平，并构建授权管理平台，建立入围基地的评价标准、实时监测体系、品质评价体系和退出管理机制，实现指标可证明、可量化、可打分，方便入围企业的自我管理、寻找自身短板，建立常态化评价制度，实现对入围基地的动态化管理，提升智慧农业的种养殖水平，加快农业产业化发展。

对政府来说，区块链技术应用于溯源，有利于推动农业产业整体数字化转型、穿透式监管，事中监督更加清晰，精准处置问题，从而加强区域品牌建设。对消费者来说，产品追溯可以让消费者对产品的生命周期信息做到全面了解，消费者的知情权和公平交易权得到有效保护，消费者实现的是可追溯的正品消费，让消费者能够吃得放心、用得放心，真正实现消费升级。

对企业来说，产品溯源可以实现原产地农产品溢价，企业获得额外收益，同时，也有利于企业实现数字化转型和对产业链的管控。产品质量追溯体系可以帮助企业建立品牌形象，提升社会效应和经济效益。

3.3.2 信用征集与金融服务

我国的农村金融长期存在明显供需矛盾，金融抑制是长时期存在的状态，主要原因是农村金融服务不足和新型农业经营主体信贷可获得性较差。新型农业经营主体进入信贷市场存在障碍，导致商业金融机构缺乏服务新型农业经营主体的内生动力，归根到底绕不开新型农业经营主体的抵押和风险评估问题，进而无法为农业企业提供金融服务。

资源配置的扭曲以及低效率是我国农村金融的另一个问题。我国农村稀缺的金融资源被农业大户、龙头企业等"不差钱"的经济单位占用。这个本该"雪中送炭"的体系变成"锦上添花"。由于存在层层上报和逐级审批，政府支农资金的时效性大打折扣，金融活动变成了"慢牛拖快车"。

从经验和调研的情况看，农村金融的核心问题仍在于信贷。对农民而言，这一问题更多地体现在贷款的可获得性和价格。对金融机构而言，是贷款风险和收益。在农村地区经济空心化、农民文化程度不高、财务信息匮乏以及抵押品不足的背景下，资金供需不平衡的矛盾将长期存在。多年来，"输血式"信贷未能有效提高农村地区的还款能力，传统金融小额农户贷款中联保贷款违约率高企的重要原因正在于此。

农村金融最大的风险点和制约因素是缺少抵押物，此前，我国现行法律规定耕地土地承包经营权不能用于抵押，在现行土地制度下，土地抵押仍缺乏足够的法律依据。2016年10月，国务院下发的相关文件表示要加快土地三权分置，也取得了一些积极进展，在全国超过200个县（市、区）都开展了农村承包土地的经营权抵押贷款试点，但作为国家根本性制度之一，土地制度改革仍需中央政府在重大问题上进行突破。从实际情况来看，农村金融业务以担保抵押贷款居多，且担保抵押品单一，基本是土地承包经营权、宅基地使用权和房屋。即使土地制度放开，对需求缺口巨大的农业金融来说，仍然是杯水车薪。图 3-16 说明了我国农村金融服务现状。

投资
· 产品少
· 回报低
· 安全问题

融资
· 融资难
· 流程复杂
· 成本高

其他
· 网上支付
· 机构不足
· 资金外流

资料来源：华泰证券

图 3-16　我国农村金融服务现状

要实现精准扶贫、乡村振兴，全面决胜实现小康社会，就必须解决扼制我国农村经济发展的农村金融体系建设问题，建立科学有效的信用评价、风险监管和信用评分机制。针对农村特点和农民需求，充分发挥金融要素在资源配置中的引导作用，理顺"互联网 + 农业"背景下农产品进城、工业品下乡的双行通道，将生产、消费、保险、众筹、理财等多元化金融业务应用到广大农村地区，培育以销售为引领，涵盖从农产品生产、收购、加工、销售、投资、消费和再生产整个农业产业链的农村普惠金融生态圈，使普惠金融服务成为带动农户精准脱贫，提高农村生活质量、改善农业产业结构的重要支撑点。

对于农业金融服务薄弱状况，区块链技术提供了创新可行的解决方案。目前农业贷款较难的主要原因是缺乏信用积累和评价机制，不能开展信用融资。而区块链的信用记录是建立在去中心化的基础之上，并已得到全网验证和认可。因此，农业金融服务不再仅仅依赖抵押融资，也无须提供信用证明，通过调取区块链的相应信息数据即可完成信用调查、融资审批和资金划拨。基于区块链技术的供应链金融服务采用了 DPoS 共识机制，该机制的主要特点是每个节点能够自主决定其信任的授权节点且由这些节点轮流记账生成新区块，利用该机制对所有委托人的信息都进行了评估，确保智慧农业链条数据的完整、公开、透明和不可篡改，申请贷款时不再依赖金融的信用证明，而是通过调取区块链中的相关数据就可实现抵押认证，减少整体的认证程序、提高认证的效率。另外，应用去中心化功能申请贷款时，将不再依赖银行、征信机构等中介机构提供信用评估证明，贷款机构通过调取区块链的相应数据信息即可开展业务，能大大提高工作效率，并降低金融风险。因此，通过区块链共识层中的 DPoS 机制，可以解决农村金融中的身份认证和抵押认证等问题，从而解决贷款难的问题，促进农业的快速发展。

　　区块链技术在金融行业的应用仍处于逐步发展和演进中，在金融领域的区块链应用只是提供一种新角度下的、适用于资产权益证明发放与流通环节的新型解决方案，目前来看区块链并未对金融领域生产关系产生颠覆性影响，不能夸大或迷信区块链的功能。现代金融体系在发展过程中，有利于提高金融资源配置效率、提高金融交易的安全性和便利性的技术创新会融入金融体系。图 3-17 展示了中国农业银行的区块链技术与农村金融的融合应用。

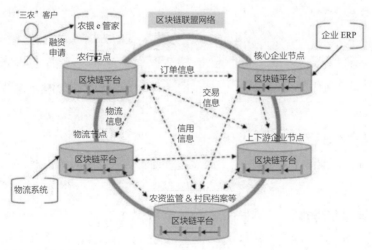

资料来源：中国农业银行

图 3-17　中国农业银行的区块链技术与农村金融的融合应用

3.3.3 农业灾害与农业保险

农业保险是一个覆盖面大、关联性广的保险领域，涉及众多的农业部门以及银行等金融机构，然而目前的状况是，不同部门之间信息数据不能实现有效对接、共享，数据孤岛现象明显。保险公司从自身利益出发，更是不愿意将信息资源分享给相关机构，由此极大地阻断了信息资源的流通、交互，限制了数据共享的空间。但是，区块链的去中心化、不可篡改性、共识机制能够让各个机构共享信息数据，从而形成共赢互惠的效果，普惠大众。

2020 年，中国农业科学院农业信息研究所和太安农险研究院合作完成的《中国农业保险保障研究报告 2020》在贵州省发布，报告从保障水平、保障杠杆、保障赔付三方面对 2019 年中国农业保险保障的动态发展进行了全面"诊断"，对农业保险以奖代补等试点成效进行了数据分析，对标高质量发展目标，为破解我国农业保险保障中的突出问题提出了针对性政策建议。报告显示，2019 年，中国农业保险保障水平为 23.61%，延续了增长势头，但增速仅为 1.56%，是《农业保险条例》颁布实施以来较低的年份；种、养、林业保险保障水平增速均有所放缓，林业保险更是出现了负增长；从主要农产品保险保障情况看，除油菜籽外的大宗农产品保险保障水平都进一步提升，"扩面"依然是多数产品保障水平提升的主要推动力。

运用区块链的去中心化与共识机制，客户可以轻松地在平台上的自己的入口处下订单，保险公司不再需要雇佣大量销售人员进行离线促销，智能合约可将纸质合同转变为可编程代码，无须再对纸质合同进行客户管理，后期数据都会实现自动更新，无须投入大量人力物力对数据进行维护，这能节约人力与材料成本，提升农业保险的管理效率。根据相关机构估计，区块链技术可以为保险业节省 15%～20% 的营运费用。此外，由于农业保险品种少、覆盖范围小、保障额度低，经常会出现骗保事件。

将区块链与农业保险结合之后，农业保险在农业知识产权保护和农业产权交易方面将有很大的提升空间，而且会极大地简化农业保险申请流程。另外，因为智能合约是区块链的一个重要概念，将智能合约概念用到农业保险领域，会让农业保险赔付更加智能化。以前如果发生大的农业自然灾害，确认灾害损失及相应的理赔周期会比较长，将智能合约用到区块链之后，一旦检测到农业灾害，就会自动启动赔付流程，这样赔付效率更高。

以养殖保险为例，传统保险业面临的最大"痛点"是"唯一性"管理。由于信息的不对称，保险公司没有办法掌握投保牛羊的具体信息，哪头猪、牛保了险，哪头没保，保险公司根本认不出来。当村里的某一个养殖户购买了保险之后，全村甚至临近村只要家里死了牲畜就会拉到投保户家里要求赔付，投保户甚至从中抽成。为此，行业一直在进行各种努力，如在养殖保险中采用耳标技术。然而这些技术也面临"刚性绑定"问题，即不能确保耳标与保险标的是一一对应的。区块链技术的应用，恰好能解决"刚性绑定"的问题。区块链技术的一个重要特点是具有"时间戳"功能，能够确保时间的唯一性，配合分布式、全网共识机制和生物识别技术，就能够确保这种"刚性绑定"难以篡改和抵赖。

目前中国人保开展的养牛保险区块链项目，利用生物识别技术，提取每一头牛独有的识别信息，通过加密并分别储存在农户、保险公司、贷款银行、检疫部门等，即构建了以区块链技术为核心，以生物特征、DNA 和耳标等多种生物识别手段为基础，以移动互联网为平台的养殖业溯源体系，真实记录个体识别信息，以及进口、饲养、防疫、养殖、产仔、屠宰、物流等养殖和食品供应等全方位和全流程信息，实现肉牛个体识别与验证，连续、动态地掌握肉牛基本情况。肉牛区块链溯源系统通过区块链技术实现"唯一性"和"可追溯"管理，实现真正意义上的"全生命周期"管理，不仅可以溯及个体的"血统"，还可以延伸至其作为食品进入流通和消费领域。图 3-18 展示了智慧养殖追溯体系。

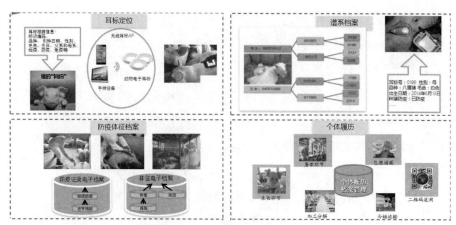

图 3-18　智慧养殖追溯体系

　　区块链在农业保险领域的应用具有广泛的应用价值和社会意义，能够提供农畜产品品质的全程监测，能够为金融机构的涉农金融服务提供风险管理工具，能够为农业生产管理提供各类绩效评估和标准体系，能够建立产品定价权和引导生产要素集聚。

3.3.4　科技应用与制度创新

　　区块链与农业大数据、云计算和人工智能的结合，能促进生产的数据化、智慧化和自动化水平，促进智慧农业的快速发展。

　　就农业大数据而言，随着移动互联网的飞速发展，以及数据采集设备大量部署，农业数据的数量、指标均快速增长，数据处理需求也在不断提升，这些给农业大数据的获取、存储、分析和管理等方面带来新的挑战。区块链能处理农业大数据中碰到的上述问题，首先，区块链的点对点模式、分布式存储计算机制，实现了去中心化，能够降低整体存储、计算、分析成本，并且不会因为网络中某个节点而影响到整个网络，保障网络内的数据安全；其次，区块链中的每一个区块包含了一定时间内产生的数据，并且为每个区块加盖时间戳，这就保证了数据不被篡改，为农产品溯源提供了数据支撑；最后，进行农业大数据的传递时，区块会根据哈希函数进行计算，给区块附上非对称密钥和数字签名，保证数据的不可篡改性，为数据价值的归属提供了界定依据。

就云计算而言，云计算在智慧农业已经得到广泛应用，云计算中心化特征比较明显，首先所有的数据、资源和服务均集中于"云"端，这就导致存储数据和分析数据的耗时、耗能较大，网络资源的消耗也比较大，"云"端的瘫痪会给数据带来不可挽回的损失，也容易招致相应的攻击；农业大数据具有不同于其他行业数据的分散、碎片化特点，且结构化数据较少，不易于集中到云中心，这样会导致云端数据不完整，从而影响云服务的质量；在云计算实践中，数据消费者、数据提供者、数据服务者的角色相对固定，易造成不同角色之间的信息不对称。

区块链技术与云计算的融合，可以改变传统云计算的运作模式，提升云计算的效用。区块链的去中心化特征可以形成若干个子云端，通过点对点的方式连接子云端，在子云端采用分布式计算方式，从而可以减轻对中心云端的依赖；区块链模式下，网络中的各个节点以点对点的方式连接，节点之间的地位平等，角色灵活不固定，通过共识算法选举记账权，每个节点都可能获得记账权，从而成为数据服务者，并广而告之，实现网络各节点之间的信息对称；与此同时，各个节点既可以成为数据的消费者，也可以成为数据的提供者，这样易于将分散、零碎的数据集中和收集。通过点对点的传输方式，让这些数据在各个节点之间共享，并上传至各个子云端，提高云端数据的完整性，提升数据的价值。

区块链也能促进我国智慧农业中的制度创新。我国农业领域的制度创新相对不足，农业在各类产业中处于弱势地位，加快农业产业化创新发展，需要政府的政策支持和扶持，加强在农业产业化方面的制度创新。制度创新是所有创新的前提条件，美国、法国、芬兰、韩国和澳大利亚等发达国家在农业产业化的制度创新方面均取得了显著的成绩。农业生产力是农业产业化快速发展的基石，技术创新、资本投入、发放补贴等是农业生产力提升的重要手段，其中，技术创新是农业产业化创新发展的原动力，目前世界各国在农业技术创新方面取得了许多新突破，基因技术、生物技术等被广泛应用到农业生产领域。

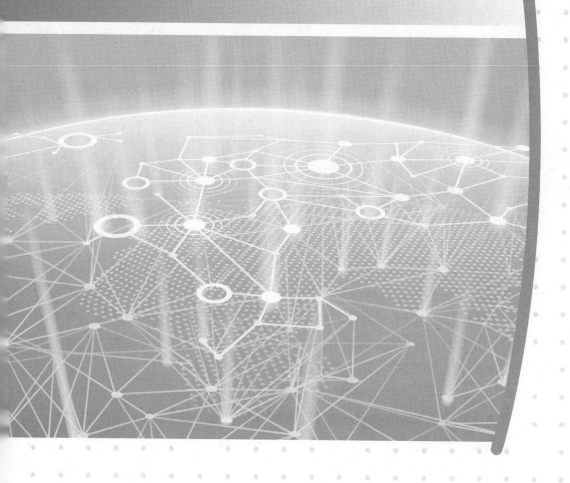

第 4 章

农产品追溯技术分析及实践

4.1 国内外农产品安全现状分析

4.1.1 国外农产品安全现状

1. 国外食品安全问题

美国虽然是世界上食品安全管理最严格的国家之一，有良好的卫生保健和巴氏消毒技术，但依然无法避免甚至减少食物中毒事件。美国食品安全问题主要反映在生物危害尤其是致病菌上，如非伤寒沙门氏菌、弓形虫、李斯特菌和诺病毒、弯曲杆菌等。这些致病菌可能带来的后果是头痛、腹泻，以及进一步的并发症。例如，1996 年从危地马拉进口的覆盆子让 20 个州的近千人中毒，同年苹果汁中的 E.coli 使 60 人中毒，1997 年墨西哥草莓中的甲肝病毒使 3 个州的数百名学生中毒，1998 年 Ball Park 牌热狗肠感染涉及 22 个州，2003 年的冬葱甲肝感染，2006 年著名的袋装菠菜 E.coli 感染事件，2008 年零食花生中的 Salmonella 事件，2010 年的 Lowa 农场鸡蛋感染等。导致美国人食物中毒的主要原因是：①美国人饮食习惯上倾向于半成品、方便食品，这些大部分是高热量、高脂肪的加工食品，容易滋生细菌；②粮食生产和供应的变化，包括更多的进口食品；③多州、跨州疫情增多，出现新的细菌、毒素和抗生素抗性；④新的可质变的食物产生；⑤美国的食品安全标准宽松，如 PPT 农药合法，在食品中添加适量瘦肉精，偶氮二甲酰胺合法，生病的动物也可以作为食物使用等。据美国疾病控制与预防中心报告，美国因食品安全问题导致的食源性疾病有 31 种，每年约有六分之一的美国人因食用受污染的食物而患病。

不仅如此，诸多国家和地区食品安全方面存在问题。英国食品调查局最新调查结果显示，73% 的英国超市所售鲜鸡肉携带易导致食品中毒的弯曲杆菌，而同样的调查在 2008 年得出的结果就已高达 65%。2017 年 8 月，欧洲地区多国出现含有杀虫剂氟虫腈成分的"毒鸡蛋"，对德国、荷兰、英国、法国、比利时、丹麦、罗马尼亚等多个国家造成影响。我国质检总局发布的《"十二五"进口食品质量安全状况白皮书》显示，"十二五"期间，各地检验检疫机构共检出不合格进口食品 12 828 批次，涉及 109 个国家和地区，其中欧盟、中国台湾、东盟、美国和韩国列前 5 位，占 75% 以上；统计显示，几乎所有种类的进口食品均有检出不合格的情况，其中不合格进口食品批次列前 10 位的种类分别为糕点饼干类、饮料类、粮谷及制品类、乳制品类、酒类、糖类、水产及制品类、调味品类、干坚果类和特殊食品类。

相比之下，日本政府在食品安全方面工作成效相对较好。一方面，日本在经历 21 世纪初的一系列食品安全事故后，农业和食品安全监管从以生产者为对象逐步调整为重视消费者的呼声，并建立起了一套比较完善的法律体系和行之有效的监管制度。另一方面，食品生产和加工企业的严格自律在保障食品安全中也同样起着举足轻重的作用。

2. 国外食品安全研究现状

应对全球食品安全带来的挑战，各国政府、学者展开深入研究，涉及食品安全理论、食品供应链、食品安全管理等多个层面。

在食品安全理论研究方面，最初人类对于食品安全的研究主要侧重在食品获取的安全方面。1974 年，联合国粮农组织（FAO）等机构举行的世界粮食会议上，将食品安全的概念定义为：所有人在任何情况下都能获得维持健康的生存所必需的足够食物。同时，食品安全的研究范围从国家和地区扩展到全球，力求加强国际农业技术、科研、贸易、资金等方面的交流与合作，推动各国对世界粮食安全问题的重视，保障粮食安全的政策措施的落实。1983 年，FAO 前总干事爱德华对食品安全的最终目标定义为：确保所有人在任何时候既能买得到又能买得起他们所需要的基本食品。这一概念更加关注社会弱势人群的食品可获得性，与缓解和消除贫困问题之间存在密切联系。自 20 世纪 80 年代开始，学者们对于食品安全的研究由国家行动转向市场行为，由食品的供求关系拓展到消费行为与分配状况等，同时加强了对食品品质需要、食品卫生与营养安全以及食品获取与环境保护之间关系等问题的重视。国际食品政策研究所（International Food Policy Research

Institute，IFPRI）的 von Braun 等在对食品安全的研究中指出，食品安全除了获取面之外，还应包括食品的健康、卫生的生产环境及对社会弱势群体照顾的能力等因素。1996 年，世界卫生组织在《加强国级食品安全性计划指南》中指出：食品安全是对食品按其原定用途进行制作和食用时不会使消费者受害的一种担保；食品卫生是为确保食品安全性和适合性在食物链的所有阶段必须采取的一切条件和措施。Henson 等（1999）则对影响食品安全规范的确定因子、变化因子分别进行分析，具体包括规范中标准的采用、公共与私人食品安全控制体系的关系、公共食品安全规范可选择的各种形式、食品安全规范的战略措施以及食品安全控制措施的贸易内涵等，为相关问题的深入研究奠定了背景基础。

在食品供应角度研究方面，美国农业经济学家 Kensev 教授（2003）指出，食品安全问题涉及食品从生产、加工到销售的整个食物供给链。影响食品安全的主要因素可归纳为七个方面：①水、土壤和空气等农业环境资源的污染；②种植业和养殖业生产过程中使用化肥、农药、生长激素致使有害化学物质在农产品中的残留；③农产品加工和贮藏过程中违规或超量使用食品添加剂（防腐剂）；④微生物引起的食源性疾病；⑤新原料、新工艺带来的食品安全性，如转基因食品的安全性；⑥市场和政府失灵，如假冒伪劣、食品标识滥用、违法生产经营等；⑦科技进步对食品安全的控制和技术带来新的挑战等。Hennessy 等（2001）论述了在安全食品的供给中食品产业的领导力量的作用及机制。Weaver 等（2001）和 Hudson（2001）则对食品供应链中的契约协作进行了理论和实证分析。日本的新山阳子（2005）认为食品对于健康所造成的风险有逐渐增加的趋势，因此要加强问题食品回收及原因究明等风险管理行动。同时经过几次大规模的食品安全事件后，恢复消费者的信心也成为食品业当务之急。消费者已经逐渐觉醒，他们希望能了解食品生产与流通过程，并希望清楚标识出从生产到销售的整个流程。因此，引入食品追溯系统为当务之急，消费者借此也能关心由生产到零售、消费为止的整个过程。

在食品安全与可持续发展的研究方面，研究内容逐渐将食品安全和环境资源的可持续发展联系起来，转向生态农业的研究。Rosegrant 等（1997）从环境与资源的角度，对未来食品市场及相关政策进行了研究，检验了可能影响食品生产增长的资源和环境制约因素，并探讨了这些制约因素对食品安全影响的内涵。Altieri 等（2002）分析了生态农业的发展与食品安全之间的关系，认为发展生态农业是解决可持续食品安全问题的重要而可靠的模式，并指出通过政策、制度与研发等方面的重大变革，才能使生态农业在实现可持续食品安全方面的好处成为现实。Beinhard 等（2002）将提升食品的安全性和竞争力与改善环境效率结合起来，运用计量经济学的方法对荷兰乳牛场的技术和环境效率进行了研究，分析了各种投入要素对技术和环境效率的影响，以及技术效率与环境效率之间的关系（Beinhard，2002）。Jeferson 等（2002）在对农业生产新技术（转基因技术）的研究中指出，以可持续的方式实现食品安全和充足的营养是发展中国家 21 世纪面临的最大挑战。

在食品安全国际研究和管理方面，各国学者对食品安全进行深入研究，政府部门也调整原有的管理模式，严格控制食品生产链，从产、供、销三阶段全程监督，取得了较好的成效。1962 年，联合国粮农组织和世界卫生组织（WHO）召开全球性会议，讨论建立一套国际食品标准，指导日趋发展的世界食品工业，从而保护公众健康，促进公平的国际食品贸易发展。为实施 FAO/WHO 联合食品标准规划，两组织决定成立食品法典委员会并颁布食品法典，通过制定全球推荐的食品标准及食品加工规范，协调各国的食品标准立法并指导其食品安全体系的建立。食品法典已成为全球消费者、食品生产和加工者、各国食品管理机构和国际食品贸易唯一和最重要的基本参照标准。食品法典包含食品产品标准、卫生或技术规范、农药评价、农药残留限量、污染物准则、食品添加剂评价、兽药评价等。

相比较发展中国家而言，发达国家食品安全市场危机监督管理体系较为完善，发达国家食品安全市场中建立了预警系统、可追溯系统、检测系统、应急系统，从食品生产、加工和流通的全过程都进行严格监控，其食品安全管理较为先进。例如，加拿大成立食品监督署，其主要职责是对进出口食品的监督，实验室和诊断支撑，危机管理和产品召回，以及出口认证。在节约财政预算、减少机构监管重叠、减少监管"盲区"三个方面取得显著成效。加拿大卫生部负责公共政策和标准的制定，包括研究、风险评估，以及制定食品中允许物质的限量标准。

美国两大食品安全系统为美国农业部的食品安全检验局（Food Safety and Inspection Service, FSIS）和美国人类卫生服务部的食品药品监督管理局（Food and Drug Administration, FDA）。其中，FSIS负责肉、禽及蛋制品的食品安全监管，FDA负责农业部监管之外的食品的安全监管。美国实行的是多个部门参与的食品安全监管体制，这种体制在职责和工作范围上虽然界定得清楚，但实际上存在食品安全监管职能重叠、重复监督检查、食品监管的权限不一致等缺陷。鉴于上述问题，美国从20世纪90年代后期就开始关注欧盟和加拿大食品安全监管体制，并着手美国食品安全体制改革的研究：制定综合性的、统一的、以风险分析为基础的食品安全法律；建立单一的、独立的食品安全监管机构。

英国在食品安全体系改革之前，由中央政府部门承担食品安全工作。1999年，为解决公众关注的食品安全问题（如疯牛病等），英国议会通过了《食品标准法》，建立独立的食品标准局，并作为国家食品安全的领导机构。食品标准局担负食品安全监管的职责，但没有促进农业或食品发展。

德国议会于2002年建立联邦消费者保护和食品安全办公室、联邦危险性评估研究所。联邦消费者保护和食品安全办公室负责督促食品执行欧盟食品安全法律、监测消费者健康保护和食品安全的欧洲快速预警系统、在联邦层面协调食品安全监督和制定一般管理规定，指导联邦州一级实施国家食品安全法律。联邦危险性评估研究所负责为有关消费者健康保护和食品安全方面的法律法规提供科学公正的意见，并进行食品安全评估。联邦州政府保证食品安全法律的执行和对地方政府开展的食品检查进行监督的职能。

荷兰政府于2002年重组原有食品安全体系，成立食品和消费产品安全局。主要目的是减少多个食品安全机构之间的职能重复、搞好各部门协调关系、降低公众对动物饲料中二噁英、疯牛病和其他动物疾病引起的食品安全问题的关注度。食品与消费产品安全局的核心职责包括三个方面：①危险性评估和研究，即鉴别和分析食品和消费产品安全的潜在威胁；②执法，即保证肉类、食品和消费产品（可能包括非食物成分）符合法律的规定；③危险性信息交流，即根据准确的、可信的数据，提供关于危险和降低危险的信息。该局执法的职责包括食品、动物健康和动物福利的检查。

日本食品安全的监管部门主要有日本食品安全委员会、厚生劳动省和农林水产省。日本食品安全委员会是主要承担食品安全风险评估和协调职能的直属内阁的机构，职责包括：负责对食品添加剂、农药、动物用医药品、器具及容器包装、化学物质、污染物质等的风险评估；负责对微生物、病毒、霉菌及自然毒素等的风险评估；负责对转基因食品、新开发食品等的风险评估。厚生劳动省下设食品安全部，其职责有：负责食品在加工和流通环节的质量安全监管；制定食品中农药、兽药最高残留限量标准和加工食品卫生安全标准；对进口农产品和食品的安全检查；核准食品加工企业的经营许可；食物中毒事件的调查处理以及发布食品安全信息等。农林水产省下设消费安全局，其职责有：负责国内生鲜农产品及其粗加工产品在生产环节的质量安全管理；对农药、兽药、化肥、饲料等农业投入品在生产、销售与使用环节进行监管；实施进口动植物检疫；开展国产和进口粮食的质量安全性检查；实施国内农产品品质、认证和标识的监管；推广"危害分析与关键控制点"（Hazard Analysis Critical Control Point，HACCP）方法在农产品加工环节中的应用；负责流通环节中批发市场、屠宰场的设施建设；负责农产品质量安全信息的搜集、沟通等。农林水产省主要负责生鲜农产品及其粗加工产品的安全性，侧重在这些农产品的生产和加工阶段。厚生劳动省负责其他食品及进口食品的安全性，侧重在这些食品的进口和流通阶段。农药、兽药残留限量标准则由两个部门共同制定。

综上，发达国家在食品安全管理方面主要有以下变化趋势：一是法律法规体系不断健全，针对性和可操作性得到进一步增强；二是政府监管机构进一步健全，监管职能得到进一步强化和发挥；三是食品安全标准体系日益完备，条款更加详细，指标先进性进一步增强；四是构筑全方位的食品安全监测体系，为及时发现、控制食品安全隐患奠定了技术基础；五是食品安全认证体系得到进一步推广，从"土地到餐桌"的全程监控得到更广泛的应用；六是更加注重食品安全风险预测评估，配套的技术支撑体系逐步形成；七是食品安全管理的公开性和透明度日益增强，政府监管的有效性得到进一步提高。

4.1.2　国内农产品安全现状

我国是农业大国，近年来农产品出口规模不断扩大，已经成为世界主要的农产品出口国之一。"舌尖上的安全"直接关系民生，国家对食品安全愈加重视。2019 年，食品安全战略纲领性文件《中共中央国务院关于深化改革加强食品安全工作的意见》公开发布，指出"建立食品安全现代化治理体系，提高从农田到餐桌全过程监管能力，提升食品全链条质量安全保障水平。"

英国杂志发布的《2019 年全球食品安全指数报告》显示，在该指数跟踪的全球 113 个国家和地区中，新加坡以 87.4 的综合得分连续第二年位居榜首，中国排名第 35 位，较 2018 年上升 11 位。"全球食品安全指数"是一个动态的定量和定性基准模型，由 34 个独特的指标构建而成，可衡量发展中国家和发达国家的食品安全驱动因素，该指数是第一个从国际上确定的三个指标（食品的可负担性、供应充足程度、质量与安全）来全面审查食品安全的指数。此外，考虑气候变化和自然资源枯竭的影响，自 2017 年起引入第四个指标——自然资源及复原力，以评估一国在气候变化影响下的承受力，对自然资源风险的敏感性，以及该国如何适应这些风险。

近年来已有不少国内外机构陆续开展了对食品（农产品）安全状况综合评价的研究，研究方向大致分为两类：一类是对原有合格率数据的深度挖掘，另一类是进行综合食物数量安全和质量安全的评价体系。现有主要的评价体系包括食品消费安全状况、食品生产安全状况、食品安全行政及执法状况和社会满意度四个维度。这四个维度在时间轴上并不同步，而是按照监管执法—生产安全—消费安全—社会满意度的顺序进行，比如食品安全整体状况的改善总是会滞后于监管活动变化和生产经营者行为的调整。四者相互关联，互相影响，各自反映食品安全状况的一个维度。搭建基于四个维度的数据框架以后，再通过评价标准给各要素赋值并进行计算，最终得出相应的综合指数。

食品安全直接关系到每个人的身体健康和生命安全，影响社会稳定和发展，影响国家的竞争力和创新力，关系到国家的发展和前途。随着我国经济的不断发展，人民生活水平的快速提升，人民群众对安全健康食品的需求也在增加，食品安全日益成为全社会关注的民生大事。与此同时，食品安全事件时有发生，食品安全依然面临众多的挑战和困难，源头治理、生产加工、仓储物流、食品销售、质量标准等食品产业链环节都存在不足，降低了人民群众的幸福感和满足感。

面对食品安全新形势，我国采取了一系列应对措施，提升食品安全。食品安全法于 2009 年开始实施，2010 年成立国务院食品安全委员会，2013 年两会对食品安全监管的监管体制进行改革，实现食品药品监督管理总局对食品安全的全流程监管，《"十三五"国家食品安全规划》于 2017 年发布，党的十九大明确提出了食品安全战略，食品监管的职责以及国家食品安全委员会的具体工作均由国家市场监督管理总局承担，2019 年我国发布了《中共中央国务院关于深化改革加强食品安全工作的意见》，这一系列的举措充分彰显了国家对食品安全和人民群众"舌尖上的安全"的重视，是以人民为中心的发展思想的具体体现。我国智慧农业的发展也是为了解决我国食品安全的问题，同时保障粮食安全。图 4-1 展示了我国现代农业的发展历程。

实施食品安全战略，让人民吃得放心，这是新时期食品安全工作的目标和方向。最严谨的标准、最严格的监管、最严厉的处罚、最严肃的问责是新时期食品安全工作的基本方法，"四个最严"有机结合、自成体系，是习近平总书记新时代食品安全战略思想的核心理念。加强食品安全治理能力和食品安全治理体系建设，是落实食品安全战略的重要抓手，吸引全社会各方面的力量参与食品安全，形成社会共治的格局。

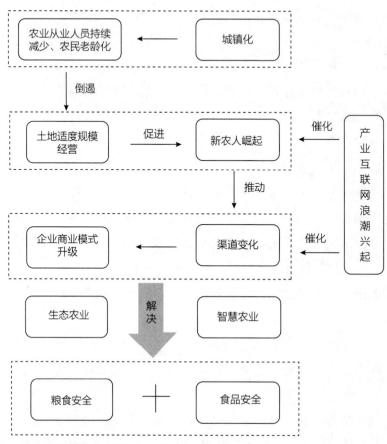

资料来源：安信证券研究所

图 4-1 　我国现代农业发展历程

我国食品安全存在着以下问题：

- 农产品源头污染难以控制。在农产品生产过程中，存在耕地污染、农药残留、农药兽药超标、细菌和农残超标等问题。食品加工过程中存在生物危害、化学危害及物理危害，这些危害有的来自原料本身，有的是加工过程中造成的。如果蔬原料具有品种复杂、易腐败变质、保鲜难的自然属性；肉、乳等畜产品等鲜活农产品，具有易腐败变质自然属性；不安全的食品添加剂，以及不安全的新兽药或转换产品等，成为危害我国农产品质量和食品安全的主要因素。

- 农业信息数据难以决策和共享。中国农户家庭经营生产相对分散，在地域、生产时间和方式上都具有不确定性，缺乏统一管理，且整体文化程度较低，数据记录困难。即使获取到数据，也难以保证数据真实性、一致性、准确性（如量纲统一问题、习惯记录方式不同等）。这些数据质量问题导致后期农业数据的分析决策成果不能有效地转化为工作中的实际生产力；且农产品产业链较长，容易导致在食品生产者、消费者、监管者之间出现信息不对称的问题。

- 食品监管体系较落后。关键检测技术手段落后、对食品安全监管不及时、监管责任不明确、监管标准不统一，是食品安全管理存在的一大痛点。
- 食品回收处置存在漏洞。在不合格食品处理过程中，出现偷运现象，缺乏全程的实时监测数据。有些管理完善的机构虽然可以严格把控流程，但多用于事后取证。
- 食品安全的舆论导向存在偏差。社会及媒体在报道食品安全问题时存在夸大现象，对消费者造成极大的恐慌。食品安全问题需要正视，消费者对食品安全认知存在误区，长期下去会影响政府的公信力。
- 未全面采用与国际接轨的危险性评估技术和控制技术。

图 4-2 展示了我国食品安全标准体系。

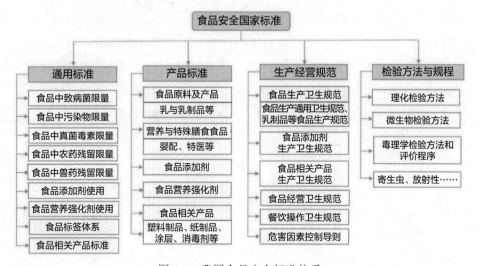

图 4-2　我国食品安全标准体系

近年来国内有关食品安全的研究非常丰富，其内容归结起来主要有几类。一类是侧重于对食品安全的影响因素研究。如卫龙宝等（2003）通过调查发现，农业专业合作组织的存在与发展对农产品质量的控制与提高有很大的影响。推进食品质量安全，最重要的是做好食品原料的质量管理。

为减小农户的分散程度，更便于集中管理，解决农业信息不对称的问题，王忠锐等（2003）提出组织农户，推行农村合作经济建设。利用农业合作组织对农户的生产行为进行监督，提高农产品质量。孙咸泽和石阶平（2004）研究发现，食品安全存在的主要问题在于：①种植、养殖环节的污染问题较为突出；②农产品滥用违禁农药、兽药、有害添加剂未得到有效遏制；③残留超标问题突出，导致食源性疾病发生。邓淑芬等人在分析食品安全问题的基础上，以系统思维观研究政府食品安全管理调控策略，提出了建立食品安全信用评估体系，定期对食品生产商强制实行安全信用等级评估策略，从而消除消费者与食品生产商之间信息不对称和食品安全标准不统一的两个主要制约因素，实现食品安全的规范化管理。彭晓佳（2005）总结了风险分析体系在各国食品安全管理中的应用，包括风险评估、风险管理、风险交流三个组成部分。程言清（2010）认为影响食品安全最直接的是食品信息披露制度、产品责任制度和信用制度，保障合同的实施是食品安全问题治理的关键；食品市场的有序运行、安全食品的供给，需要正式规则与非正式约束的结合、食品责任制度与信用制度的相互协调。李里特（2010）从树立食物安全问题的科学理念层面，分析了消费者对食物安全问题的某些误解，提出了饮食安全管理和加强食物安全性研究的方向。图 4-3 说明了我国食品链条中的食品安全问题。

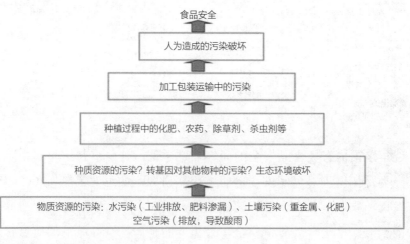

资料来源：安信证券

图 4-3　我国食品链条中的食品安全问题

　　另一类是侧重于食品安全体系建立的必要性研究。如郑风田（2003）从消费者的需求和国际食物发展的趋势，分析了我国食物战略调整的必要性与可能性以及调整中将会遇到的困难与问题，最后给出调整的目标与具体对策。谢敏、于永达（2002）从中国面临的食品安全问题的表现入手，分析了政府已有的措施未能有效解决食品安全问题的原因，并且尝试提出了一些政策建议。戎素云（2006）认为构建有效的食品安全治理机制已经成为社会各界的共识，在对政府机制和市场机制的有效性及影响因素进行探讨的基础上，提出构建我国食品安全治理有效性的复合治理机制，并有针对性地提出了提高食品安全治理有效性的途径。顾加栋、顾帮朝（2006）系统地探讨了我国食品安全监管中的若干缺陷，并提出应在《食品卫生法》中对监管的对象和范畴进行扩展的必要性，应当加强食品生产经营过程的安全控制，进一步完善食品安全标准、监管执法体系、法律责任体系和监管失职追究制度等方面的建设。于欢和黄启新（2006）认为社会责任是食品企业危机管理的核心，因为从整个价值链看，食品加工企业在任何环节如果不能履行企业社会责任，必然会导致危机事件的发生。此外，还有一类侧重于发达国家食品安全管理体系的介绍或比较研究。如郑风田和赵阳（2003）从分析我国农产品质量现存的问题与意义出发，在分析我国农产品安全监管问题的基础上，提出我国未来提升农产品质量的改革方向与制度构架。李生和李迎宾（2005）从管理法规、管理模式、管理手段等方面介绍了欧盟、美国等国外农产品质量安全管理制度。秦富等（2003）通过研究欧盟及主要成员国和美国的食品安全管理措施和保障体系，并且将它与我国进行对比分析，提出了对我国有借鉴意义的措施。

　　实施农业标准化、加强"从土地到餐桌"全过程的食品安全管理体系建设、加强职能部门监管盲区的监管、完善我国食品安全法律法规体系、完善我国食品安全检测体系、加快推进食品安全诚信体系建设、重视食品安全风险评估和预防机制建设等对策是十分有必要的。

　　无论是政府还是企业，要想实现食品"从土地到餐桌"全过程的健康安全，农产品的监管十分必要。对于农产品的监管，无非两种方式，一是技术鉴定，二是全过程追溯。区块链技术作为一项具有前景的技术，能够提供必要的透明度，以提高整个食品供应链的安全水平。因此，应该应用区块链技术解决我国食品安全存在质量保证缺乏、标准化数据缺乏、农产品信息不对称、食品监管盲区存在、食品流通公开性缺乏、承接产品的商户信誉度缺乏等问题的新思路，为我国未来农业健康发展提供理论支持。

4.2　农产品溯源的基本概念和存在的问题

4.2.1　农产品溯源的基本概念

溯源是指对农产品、工业品等商品的生产、加工、运输、流通、零售等环节的追踪记录，通过产业链上下游的各方广泛参与来实现。农产品追溯是还原农产品生产和应用历史及其发生场所的手段，是保证农产品安全的有效工具。近年来，随着我国经济社会的发展，人们对产品质量安全问题的关注度越来越高，党中央、国务院高度重视重要产品追溯体系建设。2015年，《国务院办公厅关于加快推进重要产品追溯体系建设的意见》鼓励在食用农产品、食品、药品、农业生产资料、特种设备、危险品、稀土产品等七个领域发展追溯服务产业。有关数据显示，我国97%的消费者认为建设重要产品的全流程追溯体系势在必行。

但是，我国农产品溯源建设仍处于早期发展阶段，行业内信任缺失和滥用的情况十分普遍。区块链不可篡改、分布式存储等技术为溯源行业的信任缺失提供了解决方案，从算法层面为商品的信息流、物流和资金流提供透明机制（见图4-4）。建立可追溯系统，要求企业在农产品生产和加工过程中详细记录产品的信息，设立农产品数据库。产品的数据包括同一批次生产的产品信息和每一个产品的具体信息。可追溯系统记录的产品信息包括产品品质的信息——产品成分的定义、保存条件、运输要求、生产力方法、使用的添加剂、激素、药物、生产的处理过程、生产日期和保质期等；产品的物理信息——重量、形态等；产品的化学信息——

微生物含量、农药和各种药物激素残留量、各种营养成分含量、有毒物质含量等。

图 4-4　农产品溯源事关舌尖上的安全

传统溯源采用中心记账的模式，所有数据都存储于中心服务器，拥有中央服务器的机构或个人可以因一己私利低成本篡改或集中事后编造数据，这会使得溯源流程失效。传统溯源模式是信息孤岛模式，溯源链条上下游的参与者各自维护一份账本，各种信息系统、数据之间很难交互，而且防伪标识物没有一个真假的规范，当消费者购买了某个产品要根据防伪标识物判断真假时，却没有规范的样本进行比对，很难会对产品产生真正的信任。

通过区块链技术建立的可追溯系统，可以看到产品从原料到生成产品到消费者手里的每一个步骤及相关信息，可识别出发生产品问题的根本原因，及时追踪产品或者撤销，一旦出现事故便可追根溯源、追究责任。同时，可追溯性要求企业向自己供应链中的企业和社会公布自己的产品信息，使得产品链更加透明，也要求企业的生产和管理更加规范。可追溯系统的建立，为农产品供应链中的企业了解供应链中的成员企业的生产质量管理提供有效渠道，便利了供应链企业间的信息沟通。

2010 年以来，我国食品安全流通追溯体系开始启动建设。2012 年 6 月，国务院印发了《国务院关于加强食品安全工作的决定》，明确提出用三年时间使我国食品安全治理整顿工作取得明显成效。商务部提出到"十三五"末，让肉类蔬菜流通追溯系统覆盖到所有百万人口以上城市，并涵盖肉菜、禽畜、水果、水产品、食用菌、豆制品等各类食品药品。

同时，区块链溯源技术的落地应用成为 2019 年两会委员们关注的焦点。全国人大代表、浪潮集团董事长孙丕恕表示可以运用区块链技术，从生产到流通到消费形成闭环，解决企业打假问题，进而从源头上防止假冒伪劣商品的流通，有利于我国规范的食品安全溯源体系的建设。

4.2.2　追溯目标问题

产品溯源主要有以下三个目标：

- 作为应对产品安全和质量问题的风险管理工具，也就是保障产品的产业链全生命周期流转真实、可靠、安全，防止产品在生产、制造、销售等流通环节造假，或者由于不规范的操作导致的产品变质。当上市的产品发现问题时，能及时确定问题或危害来源，并且能够根据溯源信息撤回受污染或危险的产品。产品追溯属于风险管理中被动控制体系的一部分，主要因为它允许监控者追踪污染源，消除来自市场的受污染产品，并解决问题。
- 帮助企业和品牌在市场中建立信誉体系。在没有产品追溯时，人们面对市场上种类繁多的产品，很难确定哪些是优质的，哪些是劣质的，这主要是因为缺少相应的鉴别工具，而产品溯源正好扮演着这样的角色，可以确保产品的真实性，提供给消费者真实可靠的信息，这样的好处也有三条，第一是确保了贸易中的公平惯例，维护了正规企业的权益；第二是保护了消费者免遭不良商家的欺诈；第三是可以有效防止生产商进行不正当的竞争。
- 改进产品质量和加工工艺。很多问题产品的产生，并不是生产商刻意为之的，只是因为生产工艺或是生产过程中的监管不到位造成的，因此利用产品溯源，可以优化生产工艺，提高供给管理和产品质量，提升产量，比如它可以用来确定不合格产品的来源，找出问题所在；确定产品的流量；进行有效的库存管理等。

图 4-5 展示了农产品溯源覆盖产前、产中和产后环节。

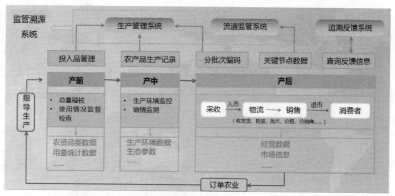

图 4-5 农产品溯源覆盖产前、产中和产后环节

目前农产品溯源主要存在两个问题，一个问题是观念，纠结于溯源是否可以防伪，溯源系统的数据和实际数据是否一致，如何保证产品源头的真假，通常溯源系统由单一企业的中心化系统建设，中心化系统的溯源数据是否可靠、是否足够可信，当发生问题时，是否存在数据篡改的可能。事实上溯源解决的是保证产品真实可靠，尽最大可能还原产业链流程的真实性，保障产品的来源信息、真实流转，保护品牌的真实性。

另一个问题是，目前的溯源系统目标和功能比较单一，有的农产品溯源是核心大企业为了自身而建立的，其目标主要集中在自身产品的内部管理和质量保障，很少关注整个产业链的情况。比如三聚氰胺事件后，各大牛奶企业内部建设了从奶牛养殖到牛奶装罐的溯源监控系统，从奶牛的饲料、奶牛挤奶、灌装整个流程都封闭管理、数据监控记录，保障自己的原奶不被污染，但没有提供后续产业链的监控和面向消费者的溯源溯真，提升自己的品牌美誉度。有的溯源强调面向消费者的溯源码，提供扫码溯源防伪，但忽略和缺失溯源的过程信息，只有产地信息，缺少全流程流转信息，比如一些稀缺的地理标志产品，由于造假泛滥，企业推出了溯源防伪码，但溯源只提供了原产地静态信息，无法真正起到溯源的效果。

4.2.3 追溯范围问题

2015 年 12 月，国务院办公厅印发《关于加快推进重要产品追溯体系建设的意见》，强调推进食用农产品追溯体系建设，建立食用农产品质量安全全程追溯协作机制，以责任主体和流向管理为核心、以追溯码为载体，推动追溯管理与市场准入相衔接，实现食用农产品"从土地到餐桌"全过程追溯管理。推动农产品生产经营者积极参与国家农产品质量安全追溯管理信息平台运行。

农业部2018年1月发布《关于大力实施乡村振兴战略加快推进农业转型升级的意见》，要求加强农产品质量安全执法监管。严格投入品使用监管，建好用好农兽药基础数据平台，加快追溯体系建设。落实新修订的农药管理条例，全面实施农药生产二维码追溯制度，2018年底实现兽药经营企业入网全覆盖。严格兽用抗菌药物管理，不批准人用重要抗菌药物等作为兽药生产使用，逐步退出促生长用抗菌药物，2018年再禁用3种。加快国家农产品质量安全追溯平台推广应用，将农产品追溯与项目安排、品牌评定等挂钩，率先将绿色、有机、品牌农产品纳入追溯管理。

农业部2018年9月印发《关于全面推广应用国家农产品质量安全追溯管理信息平台的通知》，要求在全国范围推广应用国家追溯平台，健全数据规范，实现数据互通，确保平台稳定，扎实推进农产品质量安全追溯体系建设，推动实现全国追溯"一张网"。图4-6展示了国家农产品质量安全追溯管理信息平台。农业系统认定的绿色食品、有机农产品和地理标志农产品100%纳入追溯管理，实现"带证上网、带码上线、带标上市"。国家级、省级农业产业化重点龙头企业，有条件的"菜篮子"产品及绿色食品、有机农产品和地理标志农产品等规模生产主体及其产品率先实现可追溯。

资料来源：农业农村部

图4-6　国家农产品质量安全追溯管理信息平台

从 2018 年开始，政府加快了农产品溯源项目的推进工作，各项政策的出台也表明了溯源平台的建设势在必行。然而农产品范围广泛，不同的产品培植、生产、加工等工艺流程不同，数据范围不同，统一的国家平台很难兼容所有产品，很难在统一的视图完成产品溯源信息的采集、查询。另外，不同的农产品数据采集方式也不同，我国田间地头现代化水平不足，物联网、智能设备普及度低，信息化、数字化欠缺，统一的追溯平台很难做到数据的准确、实施、互通、共享。

4.2.4 追溯成本问题

农产品的生产链条一般比较长且分散，从种子、种植、检验、检疫、收割、收购、生产、存储、多级经销、零售，整个产业链过程中产品的溯源信息分散在不同的企业、政府、农户、经销商、渠道商等手中，某些规模较大的农产品品牌企业也有意愿建立追溯系统以提升自己的品牌，然而一个企业去带动和协调所有产业链相关方去配合，协调难度大、成本高。

追溯系统彼此独立建设，由于每个环节企业所关注的信息不同，各个环节对溯源的要求和迫切性不同，有的关心产品的安全性、质量问题，有的关心产品的流程规范性，有的关心产品的流转效率，有的关心防伪问题，所以彼此独立的项目建设会产生重复建设和发展不均衡的问题，导致数据分散、不统一，使用难度大、维护成本高，项目建设成本也高。

完整的追溯系统需要建设一物一码身份标识，在产品流转的每个环节登记产品流转信息和对应的检查信息，这无形中增加了整个产品的成本，包括一次性投入的项目建设费用、设备采购费用，以及每一件商品需要粘贴的标志，对于客单价比较低的产品，成本远远大于溯源带来的品牌溢价，导致企业没有建设溯源项目的积极性。

4.2.5 追溯链接问题

在农产品质量追溯领域，生产者、中间环节、消费者和政府监管都存在自身的关注点和难点（见图 4-7）。

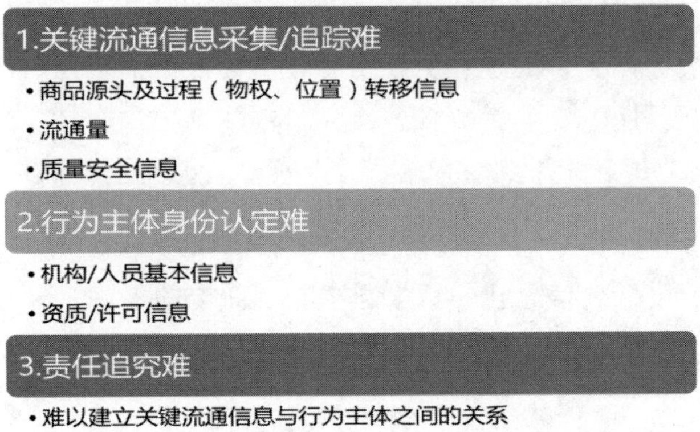

资料来源：物链公司

图4-7　农产品追溯的主要难点

在生产者层面，关注点在于农产品安全、农产品品牌、农产品的经营利润、分销渠道、市场管理效率；在中间环节层面，关注点是农产品安全、利润、农产品价格、农产品库存和资金；在消费者层面，更关注农产品的安全、质量、农产品的性价比、知情权；在政府监管层面，更看重食品安全、消费者的利益保护、市场监管、源头回溯及责任追究机制。

产业链条上包括最终消费者在内的各类主体，即保持着各自的独立性，又相互协作、相互影响，若没有一个公平、透明、高效同时又能够保障信息安全和隐私的平台将各方有机融合在一起、实现共赢，将很难实现商品流通领域真正意义上的品质、诚信和权益保障。

就数据而言，质量追溯领域的数据存在众多问题，信息孤岛现象严重，关键流通信息采集难、追踪难，商品源头及过程（物权、位置）信息缺失、流通量难获取、质量安全信息缺乏；行为主体身份认定难，机构和人员基本信息缺失、资质和许可信息难以获取；质量问题责任难以追究，很难建立关键流通信息与行为主体之间的关系。

除此之外，质量追溯中的数据格式存在着不一致现象，供应链上多个、多类行为主体共同参与，它们彼此保持独立性，又相互协作、相互影响。

4.3 区块链及支撑技术让追溯可控

4.3.1 WSN、RFID 和 GPS

采用 WSN（Wireless Sersor Network，无线传感器网络）、RFID（Radio Frequency Identification，无线射频识别）、GPS（Global Positioning System，全球定位系统）等自动识别技术，可以实时采集到各种产品的特性信息，如种植大米的水的 pH、温度等。通过这些实时数据可以对产品的生产或种植过程进行指导。根据这些实时数据，还可以准确把握产品的现有状态，从而对产品的整个生命周期进行更加精细化的管理。

4.3.2 数据采集客观化：遥感＋传感

追溯体系建设是采集产品生产、流通、消费等环节数据和信息，实现来源可查、去向可追、责任可究，强化全过程质量安全管理与风险控制的有效措施。但是全流程环节信息的采集不但工作量巨大，而且信息项目繁多，容易发生录入错误、录入不准确、遗漏等。

通过 WSN、RFID、GPS 等遥感、传感设备自动获取环节信息，不但信息录入准确、可信，而且能跟现有生产线集成，大大提高采集效率，进一步提升追溯系统的建设可行性和普及性。

4.3.3 数据处理精准化：数据链＋区块链

区块链是通过加密算法规则和去中心化协议集体维护分布式数据库的技术统称。区块链主要是让参与系统中的任意多个节点，形成一串使用密码学方法相关联产生的数据块，每个数据块中包含了一定时间内的系统全部信息交流数据，并且生成数据指纹用于验证其他信息的有效性和链接下一个数据块，将每个数据块链接起来形成数据链。

区块链作为一种构建去中心化的分布式存储的对等可信数据网络的技术，为构建可信、点对点数据安全共享提供技术基础。区块链技术具有高度透明、去中心化、去信任、集体维护（不可篡改）、匿名等性质。追溯体系以区块链作为溯源数据的存储系统，能够保障溯源信息的精准、安全、不可篡改，客观反映农产品全产业链的溯源信息。

4.3.4   数据传输延续化：联通信息孤岛

区块链技术能够通过运用数据加密、时间戳、分布式共识和经济激励等手段，在节点无须互相信任的分布式系统中实现基于去中心化信用的点对点数据共享、协调与协作，为解决中心化机构普遍存在的高成本、低效率和数据存储不安全等问题提供了解决途径。区块链技术的交易记账由分布在不同地方的多个节点共同完成，每个节点都记录完整账目，参与监督交易合法性，避免单一记账人被控制带来的安全性问题。由于记账节点足够多，理论上讲除非所有的节点被破坏，否则账目就不会丢失，从而保证了账目数据的安全性。

农产品产业链从产品源头到消费终端，中间经过了生产、加工、经销等多个环节，经历多个企业、商家，其之间有合作关系，也有竞争关系，全链条的溯源数据既需要分享，又需要保护自己环节的隐私。传统中心化的数据库难以打消数据泄露的疑虑，通过区块链分布式账本技术，各企业之间组成一个溯源联盟链，企业拥有自己的节点，自己决定哪些数据共享，哪些数据私有，所有节点的共享账本在共识的基础上自动同步数据，打破了传统各家数据库数据孤立保存的壁垒，使得溯源信息互联互通，解决了信息孤岛问题。

4.3.5   数据应用广泛化：用户深度参与

基于区块链的追溯系统建设，在安全、透明、共享的基础上，实现了产品溯源信息公开、可查，不但为产品质量安全、来源可靠、流程合规提供了追溯手段，并且打通了农产品从土地到餐桌的信息通道，使得无论是生产者、经销者还是消费者都能全程了解产品信息，也能深度参与到整个产业链的优化和改进中。

企业或品牌通过产品追溯，向用户提供流程可追溯、过程透明、可靠、可信的产品，一方面可以树立自己品牌的知名度、认知度、信任度、美誉度、忠诚度，提升自己的品牌价值，提升品牌溢价；另一方面，也可以通过分析产业链全流程的流转数据，优化生产、制造、供应链等过程。

另外，基于区块链的溯源，能够共享产业链各方的数据，特别是消费者数据，改善自己的产品品质和销售策略。企业可以通过基于追溯系统的营销手段，跟消费者互动，让消费者深度参与到产品的体验计划中，扫码溯源的同时，可以给予一定的激励，同时收集用户反馈，分析用户行为，改善自己的产品。

区块链技术解决商品溯源问题时，不能局限在某一种商品或行业，而应着眼整个社会的商品流转。溯源企业技术架构在向平台化发展，其计划建立一个商品追溯平台，所有模块可拆装，提供统一的接口，吸引企业入驻，通过对应的 DApp 应用解决企业在整个生产流程的信息溯源，防伪验真等需求，也为技术开发者提供一个快捷高效的开发平台。DApp 通过区块链特有的数据确权、价值传递功能等方面的优势，可以有效实现在用户认证流程变更、交易安全、行业生产关系变更、减少运维成本、降低技术开发成本等方面的优势，从而大幅度提升用户体验。

4.4　农产品溯源创新案例：物链公司农产品追溯体系

4.4.1　物链公司农产品追溯体系

物链公司是国内区块链方面的创新公司，并在区块链应用方面拥有很多成功案例。

"物链产品追溯体系"（见图 4-8）构建于区块链之上，结合供应链的特性对区块链的接口进行继承、封装及应用扩展，进而形成具备鲜明现实应用特色和能力的"供应链管理云平台"，使每一个物品静态（固有特性）和动态（流转、信用等）信息能够在生产制造企业 / 创作人、仓储企业、物流企业、各级分销商、零售商 / 饭馆 / 酒店、电商、消费者、售后服务机构以及政府监管机构中共享、共识。同时，整合利用传感器、射频、Mesh、Lora、ZigBee 等物联网（Internet of Things，IoT）技术手段，实现供应链管理（Supply Chain Management，SCM）的业务流程优化（再造）（Business Process Reengineering，BPR），从而形成全方位的、具有高公信力的产品追溯体系。

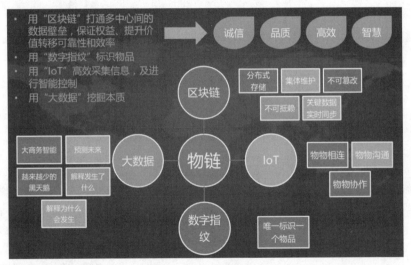

资料来源：物链公司

图 4-8　物链公司的追溯解决方案

物链产品追溯体系支持公有云、私有云和混合云模式。图 4-9 展示了物链公司的物联网支撑体系。

物链产品追溯体系包括公共平台、供应链服务云平台、供应链管理云平台和区块链云平台等四个子平台。

1. 公共平台

公共平台是"物链产品追溯体系"对外服务的入口，是供应链生态服务体系的门户,是品质商品、品质机构和品质服务的推广、宣传通道,支持在桌面、App 和微信等各类终端的运行,包括可追溯 / 跟踪区、品质商品区 / 垂直电商、品质机构 / 服务区、会员服务(政府 / 机构 / 消费者)、推广 / 广告区、知识库、案例展示、开放平台。

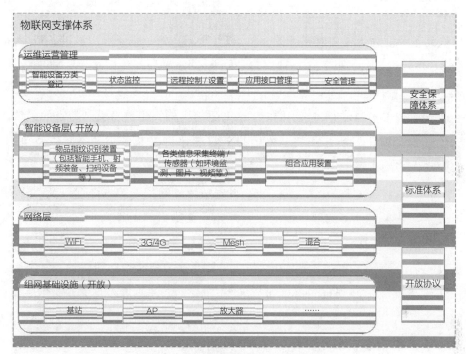

图 4-9　物链公司的物联网支撑体系

1)可追溯 / 跟踪区,通过扫码或录入编码的方式实现商品从源头到最终消费各个关键环节的信息的展现。同时,还可以延伸出对产业链上其他相关信息的钻取,包括但不限于:商品属性信息、相关机构的属性信息、批次流通量及终端购买情况、基于地图的商品流通情况。

2)品质商品区 / 垂直电商,也可以说是品质商品的仓库,能够按照原产地、商品类型等进行多维度分类,并利用 GIS 等进行多种形式的呈现,它一方面是物链合作方所营销商品的陈列馆、产量及流通情况的公开窗口和购买、预定的快速入口,同时也是特色商品及其产业链的探索通道,亦可以成为原产地政府宣传、推广当地商品的有效路径。

通过制定一定的规则,物链的各类用户包括运维团队均可以将认为有特色而未被老百姓所接受或未陈列于物链仓库的商品（指某类商品，并非实际流通的商品）发布出来，并对商品的原产地、特点、适用人群等进行描述，或通过微信、微博等进行分享，目的是通过物链平台向公众和潜在的供应商及各级链条进行宣传和告知；信息接收方可以进行评价并表达个人是否有需求甚至产生购买意向。同样，已经具备一定品牌效应的源头机构或个人也可以根据生产能力等提前发布产量信息，以便下游渠道提前下订单和准备资金。

3）品质机构/服务区，按照产业链服务分工分类展现加盟"物链"的机构，除了名称等基本信息外，公示其信用值，且可以进行排序，并可以对企业其他相关信息进行钻取，同时，这里还是机构突出自身品牌特点的区域，除了加盟"物链"所必需的基本信息外，能自行发布各类动态，以及可靠的商品生产动态等。

4）知识库，对品质/优质/生态商品/产品的相关知识进行普及，并利用分享（共享）经济的理念形成社区，建立奖励机制。

可设立不同的主题（如生态学、营养学、医学、保健学、生产工艺、包装工艺等），以帮助社会大众学习、了解品质，从而带动消费动力。例如，在法律法规与标准规范专区，可以了解国家的管理制度及各类监管指标的判定依据。

图4-10展示了物链解决方案的业务流程升级。

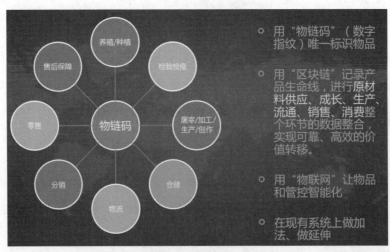

图4-10　物链解决方案的业务流程升级

2. 供应链服务云平台

基于区块链平台，提供面向 SCM 关键环节的高效管理支撑，在实现对传统供应链的无障碍 BPR 的同时，生成"物链"（供应链 + 区块链）库，使对各类商品的全生命周期跟踪成为可能，并进一步提供保真溯源等服务。

1）身份证明服务。在多中心、多主体间提供统一的身份登记及证明，以便能够快捷、安全识别身份以及决定其所能从事的行为。拥有身份的行为对象可以是机构、人或者智能设备等。为了适应多样化的应用场景，身份证明（相对于云端）可以支持在线和离线两种模式。

2）O2O 支撑服务（信息采集 + 智慧服务）。通过"区块链 + 物联网 + 互联网"的整合、协同应用，不仅能够在供应链的"养殖 / 种植、检验检疫、屠宰 / 加工 / 生产 / 创作、仓储、物流、分销、零售"等主要环节实现面向区块链的关键信息采集和应用，同时也完成了面向供应链的业务流程优化，使区块链的应用不再是单一和附加的，更不能给相关机构和个体带来很多额外的工作量。总的来说，在 IoT 的支持下，基于区块链的供应链再造是一个科学升级的过程，也就是说，能够尽量在用户感觉不到的情况下实现管理和应用上的革新，甚至比传统、用户所习惯的方式更为便捷、高效和低成本，以能够用最快的速度被市场所接受并形成大规模覆盖。这些支撑服务内容包括物品身份标识（物品指纹）及传感器、现场 P2P 无线组网、无线射频服务、可穿戴辅助管理装置、无线传感器适配器、O2O 辅助点货、验货等。物链码（"一物一码"）将作为各类商品的唯一身份标识，贯穿于整个供应链条中。为了尽可能减少对用户既有管理体系的不必要冲击，平台对于已经具备"一物一码"管理条件的厂家采用集成或嵌入的方式完成物链码的应用。

3）物品身份标识（物品指纹）及传感器。区块链能够有效解决的是在流通环节中，品质型商品被仿造，流通数量被恶意放大，而令厂家、作者、机构或个人蒙受损失。当区块链中记录的物品身份本身被替换，假货就变成了"真"货。所以，基于区块链的物品保真溯源，配以可靠的物品数字化身份标识（物品指纹）和识别技术，才能更为完美。物品指纹是指通过提取数字物品的指纹、将物理指纹数字化或嵌入指纹的方式来唯一标识一个物品，也就是物链码（一物一码），以实现物品的全生命周期跟踪。当商品的物理指纹难以提取或成本较高时，可采用包装或嵌、贴标的方式来建立一物一码。

4）全透明消费。在区块链高可信共识、不可篡改的特性保证下，"物链"记录了它上面每一个物品的真实生命轨迹，使消费变得透明和生动。消费者可以通过智能手机、平板电脑、便携式扫码设备等多种实物扫码或编码录入方式进行所购商品的溯源，同时掌握同类商品的生产或发行量以及生产制造商发布的其他信息。

当各类商品在供应链的各个关键环节流转时，"物链"会第一时间自动判定是否出现了物品身份的造假、恶意仿制放大流通量的情况，并以短信、邮件、微信等多种即时消息告知各相关共识方，不仅解决"黑箱消费"的问题，供给侧同样需要打开"消费者黑箱"获悉终端消费情况（消费量、消费地区、消费人群等），并更好地杜绝假货的冲击。这种需求在产业链条过长的情况下尤为突现。

图 4-11 说明了消费体验升级。

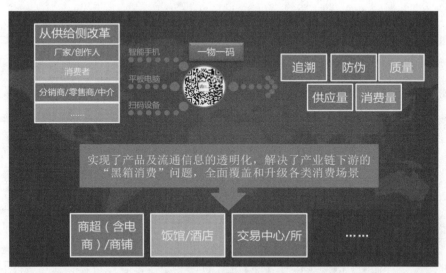

图 4-11　消费体验升级

5）信用服务。"物链"中所积累的商品及其流通量信息、"智能合约"信息等在整个供应链条中所发挥的作用已经不仅仅是商品及流转信息的真实性、订单或合同的不可抵赖以及高效交易，也将成为对贷款信用、融资信用、交易信用等的一种保障和支撑。

3. 供应链管理云平台

物链管理平台是提供给客户群体自行管理业务链条的定制型平台（业务构建平台），以大幅度提升利用"物链"实现自身应用或系统整合并进一步建立价值生态体系的效率，同时，可以快速适应需求的变化、实现各类物联网辅助设备的接入和管理，并提供各类辅助决策的手段。

供应链管理云平台是物链管理平台的重要组成部分，主要面向供应链各个环节中参与经营、监管活动并需要针对物品信息共享、共识的机构，提供辅助的 SCM 管理的手段。同时，使物品的各类供应链信息的区块链写入成为可能。对于已建 SCM 或 ERP（Enterprise Resource Planning，企业资源规划）系统并投放使用的企业，通过提供服务接口进行系统集成的方式实现与"物链"平台的集成。

1）物品管理。通过物品的管理，可以实现各类物品的新建、信息维护、流转信息跟踪、异常情况报警等。物品的新建是每个物品生命描述的开始，生产制造商在此进行物品基本特性的描述，并生成物品的基础档案信息。物品的关键信息会以加密的方式存储到区块链平台中，从而开启它的区块链之旅。为了提升终端消费者对某类物品的认知、了解和认可的程度，用户还可以通过图片、多媒体甚至挂接生产现场实时视频等方式对物品的生命特征进行丰富。这些信息均可以通过"物链"平台进行跟踪查询。

2）物链码管理。物链码是可以唯一标识一个物品的加密字串，也称为"一物一码"，相当于物品在"物链"平台中的身份证，被所有相关参与者所共识。利用智能手机、便携或大型射频、传感器装备等，均可以通过物链码对物品进行自动识别，进而实现物品的 IoT 辅助管理、信息跟踪查询等。物链码的形态可以是一个二维码、一维码、射频标签或其他可以唯一标识物品的装置，甚至是物品自身所具备的、特有的"指纹"信息，如珠宝的光谱信息等。物品产生并进入流通环节的过程，一定伴随着物链码的生成和它们之间一对一关系的建立，而绝大部分物链码需要具有物理形态（如在包装上打标等）。这几类行为的发生，根据实际 SCM 应用要求的不同可能是同步或异步的，需要保证绝对的严谨性以及必要时的加工现场的实时可操作性和高效性。为了保持与可能的既有系统之间管理上的一致性，并尽可能降低系统集成的代价，物链码所对应的加密字串可以来源于企业既有系统的编码，同时附加政府监管部门既有系统的码信息等。

4. 区块链云平台

基于区块链的智能合约的生成与管理，使大批量物品在供应链条上的多机构间流转和交易时，变得更为简单、安全和高效。当交易的两端对合同标的物的执行形成共识后，平台可自动触发签收、打款等行为，或预留第三方系统的调用或消息发送接口，同时将相关流转信息记录在区块链中。

智能合约中会装有和物链码（物品）相关的信息，以此作为基于 IoT 的 O2O 辅助管理的桥梁。"物链"通过对 SCM 辅助传感设备（如大型无线射频装备等）的智能化扩展，实现大批量物品交接过程中行为与状态的有机整合，在高效处理物品供应链流转环节关键信息写入的同时，对相关企业 SCM 的 BPR 起到了强有力的支撑作用。

物链公司采用区块链技术打通多中心间的数据壁垒，保证系统的整体权益，提升价值转移的可靠性和效率，用"数字指纹"标识农产品，用"IoT"高效采集信息，及时推进智能控制，用"大数据"挖掘数据的本质。

上下游产业链管理（上下游管理）是在供应链条的特定环节上，对上实现对供应 / 服务商的管理，对下实现对客户 / 分销商的管理。供应链环节的上下游企业或者是上下游部门，是相互依存的，上下游的管理不仅满足了 SCM 的基本管理需求，同时，"物链"基于区块链开放（私有链条）、共识特性，还有效链接了间接发生关系的上下游企业。这样，企业不仅能够可靠地把握直接的上下游企业情况、建立交易关系、跟踪交易状况，也能够了解间接环节直至最终消费者的状况。

物链公司区块链解决方案特点如图 4-12 所示。

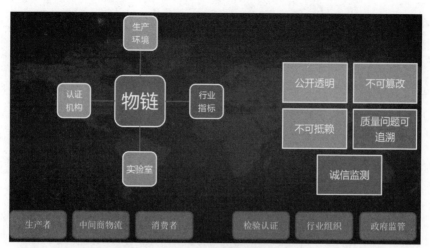

图4-12　物链公司区块链解决方案特点

与传统模式相比，物链具有以下特点：

- 高效可靠的数据采集和共享模式，在关键节点和行为主体处各自拥有相关的、一致的且无法篡改和抵赖的数据，实现了对权利对等和多方信任；不仅能够通过链条的方式永久记录对象的演变过程，而且能当数据发生变化时，经过多方背书，可以实时同步到各自账本中，大幅度提升数据整合、共享和利用效率。
- 信用驱动，通过区块链上可靠的、多元的商品生命线信息的支撑，为商品以及产业链上的机构赋予了信用的属性，更容易被C端用户认可和接受，从而带动新的基于信用的消费和服务理念。
- 完美兼容个性化，能够快速集成已有系统，支撑个性化系统的建设。
- 严谨的隐私保护策略，数据所有者对自身数据有真正意义上的控制权，通过授权或协议的方式确定数据的公开形式及范围，且可以通过区块链的方式进行信息传播及价值流转的跟踪。
- 低成本，省去了数据一致性、可靠性保障的成本，省去了多主体、多中心之间信任的成本。

与区块链＋物联网模式相比，物链解决方案具有以下特点：

- 全面。应用支撑/服务/咨询平台，产业链覆盖全、服务全，具有更广泛的服务群体和市场衍生能力。
- 可靠。在现有体系上做加法、做优化、做升级，而非革命，风险低，更容易被市场所接受。
- 共赢。意在构建生态体系，实现多方共赢，更具服务对象的黏性。

4.4.2　食品质量安全业务实现路径

将区块链与食品质量安全业务结合，需要完成区块链与现有食品质量安全业务系统的融合。在技术层，通过密码学、数字签名、哈希、时间戳等技术手段实现用户身份验证、数据保存等问题；在业务层，通过智能合约实现更丰富灵活的跨系统业务逻辑，使多方合作业务更容易实现；而区块链的P2P通信、分布式数据存储架构技术能够实现系统多中心化计算和存储，从而在互联层和数据层上保障了系统数据安全和可靠。

一个基于区块链的食品质量安全系统就是要通过区块链的技术特点，在数据层、网络层、共识层、激励层、合约层、应用层上提供有力的支持，保障食品质量安全相关的业务层各个系统正常运行。与中心化信息系统不同，区块链是一个多方参与的分布式系统，相对于传统的集中式信息系统，在同一条区块链上一般会有多个业务系统进行连接，并进行业务交互。在基于区块链技术的食品质量安全业务中，一般可以通过如下几个步骤来实现。

1）确定各个参与方。一个基于区块链的食品质量安全系统，首先要确定参与的各个机构，在食品质量安全中，需要农户、食品交易企业、消费者等参与方加入到区块链系统来，共同参与区块链系统的建设。区块链天然的共享分布式存储功能，可以有效地提高监管的效率，从而提高区块链参与各方的公信力。

参与各方往往由业务决定，可能同一条区块链上，有多家农户、食品交易企业、消费者参与。有的同行业的参与方还存在着竞争关系，因此，如何协调上链的各个参与方关系往往成为系统建设的关键。参与方越多，区块链上的验证节点就会越多，就更容易形成多中心验证，从而实现去中介化，降低机构运营成本。从系统建设考虑，也要确定各个参与方的接入顺序。在食品质量安全的应用场景中，农户和食品交易公司法人管理模块处于核心地位，需要优先接入。而消费者可在食品质量安全业务系统接入后进行接入联调。政府监管管理模块可根据需要再酌情考虑接入，这样能保证系统建设的有序稳妥。

2）确定上链数据格式。由于区块链连接了各个业务系统，而各业务系统往往都是已有的，并且由参与方自己建设完成。因此，需要各参与方约定上链数据的内容及格式，从而实现通过链上数据的互联互通，达到信息共享的目的。若确定食品信息的记录方式没有统一的规范，会降低数据的可读性。

3）各业务系统的改造及与区块链对接。在参与方、上链数据的内容、上链数据的格式都确定后，就需要将区块链与参与各方的业务系统进行对接。一般业务系统是由参与方各自建设并维护的，要想与区块链进行对接，或多或少要对原有系统进行一些改造或升级。在这个过程中，需要加强业务开发人员对区块链技术和开发方法的学习和理解。因为区块链是一种新的技术解决方案，相对于传统的中心化信息系统存在着很大的不同。业务开发人员需要学习理解区块链的去中心化的理念，了解数据加密解密以及签名验证的概念，初步认识共识机制的原理和特点。除此之外，业务开发人员还要学习区块链的开发接口，只有充分了解了接口功能，才能有效发挥区块链技术的特点，完成业务逻辑的编码和测试。

4）测试与验证。在以上步骤都已完成后，还需要对基于区块链的食品安全应用的各系统进行测试和验证。由于区块链系统需要连接多个上链业务系统和机构，因此需要完善的测试和验证后才能够正式上线。测试和验证的重点主要围绕上链数据的完整性、保密性、不可篡改性三个方面。上链数据的完整性是指各业务系统写入的数据是否按照原有设计的内容和格式写入到区块链上需要充分验证。

上链数据的保密性是指在区块链上有多个同业机构的情况下，为了防止数据被公开，数据一般都采用加密并且只有授权才能可见的方式。因此，数据保密性特别关键。

5）上链数据的不可篡改性。上链数据的每次操作都需要进行签名和验签，以保证写入的数据和操作不可抵赖。因此，为了防止用户恶意篡改区块链上的数据信息，需要确保任何的操作和对数据的修改都有使用者的签名和权限验证。

做完以上步骤后，往往一个区块链的项目就可以上线投产了。但在系统和业务的运行发展过程中，可能会有新的问题及新的需求，比如：有新的机构要加入进来，有新的数据需要写入区块链。因此，要求整个系统的设计者在设计数据的内容和格式时，有一定的前瞻性，要熟悉食品质量安全的业务场景，能够保证满足一定的业务扩展需要。这里也需要食品安全的业务开发人员与区块链技术人员在系统设计初期多沟通，互相学习，设计具有扩展性的方案，使新的需求能够更容易实现，快速满足业务需求。

4.5　区块链+溯源的未来

在万物互联的未来，各种传感器是神经末梢，物联网是神经网络，区块链是记忆系统，每一件物品都将有自己唯一的身份，该唯一身份在区块链中被唯一地确权、认证，每一件商品或农产品在生产或种植伊始就获得了唯一的身份证，在种植、生产、流通的各个环节，物联网传感器自动采集环境、时间、地理、动态、性状、检验检疫等信息，自动被区块链节点共识并存储，数据和流转信息进入区块链后，自动触发品质管控的智能合约，判断产品的流程和品质是否合规，触发质量、流程预警处理流程。消费者购买商品时，通过扫码可以全流程追溯产品的生产、流通过程，了解产品的品牌故事、制作工艺，反馈使用体验、感受、建议，获取反馈和使用的数字奖励，企业通过全流程数据、用户反馈改进优化自己的生产、运作工艺和流程。

未来区块链融合溯源将极大优化企业生产、制造、流通效率，由批量生产转向个性化生产，由自由生产转向定制生产，由独立生产转向合作生产。产品的全流程环节参与者都将能参与到产品的改进中，每一个参与者的贡献都将被记录到区块链中，参与者的贡献、企业的信用、消费者的信用都将在区块链中被忠实地记录。企业品牌含金量由消费者决定，消费者能够明白消费、放心消费，买到真实、可信的产品。

第 5 章

农业供应链金融技术分析及实践

5.1 供应链金融的概念和特点

供应链管理是对整个供应链系统进行计划、协调、操作、控制和优化的各种活动和过程，供应链金融是供应链管理中的一个分支。在供应链管理中，诸如采购、生产、物流、售后等工作通常由核心企业来实行中心化的管理与协调。现代供应链管理，旨在透过信任基础进行相互协作，将单个企业串联起来，将松散的关系搭建成一个复合网络，进而通过企业间协同，最终实现整体效率的优化和提升，为链条上的相关企业带来更大的价值和收益。在如今国内、国际的贸易流通过程中，物流、商流、信息流和资金流已经形成相互作用、相互影响、相辅相成的整体。

在生产制造分工全球化的大背景下，无数分散在各地的中小企业是供应链中重要的组成部分。传统背景下，银行信贷一直是中小企业最主要的融资渠道，但基于中小企业自身资信状况差、财务制度不健全、抗风险能力弱、缺乏足够的抵押担保物等原因，商业银行为了尽量减少坏账，基本不愿意向中小企业放贷，而把重点目标放贷客户放在大型企业身上。

中小企业是需要信贷资金支持的，而银行又苦于中小企业资质条件不足，无法满足银行信贷风险评估的规定以及高成本征信的考量，无法对中小型企业提供信贷支持。这就在银行与企业之间形成了信任隔阂。想要突破这层隔阂，就必须寻找新的融资模式，而供应链金融模式是解决这一问题的方法之一。

在国内，一直以来人们普遍认为供应链金融是以核心企业客户为依托，以真实贸易背景为前提，运用自偿性贸易融资的方式，通过应收账款质押登记、第三方监管等专业手段封闭资金流或控制物权，对供应链上下游企业提供的综合性金融产品和服务。因此，国内的供应链金融大多是金融机构根据产业特点，围绕供应链上的核心企业，基于真实交易过程向核心企业及上下游相关企业提供综合金融服务。这种模式被概括为"M+1+N"模

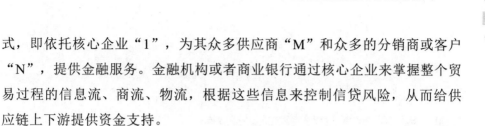

式，即依托核心企业"1"，为其众多供应商"M"和众多的分销商或客户"N"，提供金融服务。金融机构或者商业银行通过核心企业来掌握整个贸易过程的信息流、商流、物流，根据这些信息来控制信贷风险，从而给供应链上下游提供资金支持。

典型的供应链金融有以下四个特点。

特点一：还款来源的自偿性。

体现在通过对操作模式的设计，将授信企业的销售收入自动导回授信银行的特定账户中，进而归还授信或作为归还授信的保证。

典型的应用产品比如保理，其应收账款的回款将按期回流到银行的保理专户中。

特点二：操作的封闭性。

银行要对发放融资到收回融资的全程进行控制，既包括对资金流的控制，也包括对物流的控制，甚至包含对其中的信息流的控制。

典型的产品如动产抵/质押授信业务，银行将企业所拥有的货物进行抵质押，授信资金专项用于采购原材料，企业以分次追加保证金的方式分批赎出货物，随之进行销售。

特点三：以借后操作作为风险控制的核心。

同传统业务相比，供应链金融会降低企业财务报表的评价权重，在准入控制方面，强调操作模式的自偿性和封闭性评估，注重建立借后操作的专业化平台，以及实施借后的全流程控制。

特点四：授信用途的特定化。

该特征表现在银行授予企业的融资额度下，企业的每次出账都对应明确的贸易背景，做到金额、时间、交易对手等信息的匹配。

综合来看，在供应链金融活动中，金融服务提供者通过对供应链参与企业的整体评价（行业、供应链和基本信息），针对供应链各渠道运作过程中企业拥有的流动性较差的资产，以资产所产生的确定的未来现金流作为直接还款来源，运用丰富的金融产品，采用闭合性资金运作的模式，并借助中介企业的渠道优势，来提供个性化的金融服务方案，为企业、渠道以及供应链提供全面的金融服务，提升供应链的协同性，降低其运作成本。

5.2　供应链金融的基本原理

传统融资工具都是围绕合格抵押物展开，这在以缺乏资产的中小企业组成的供应链条中存在巨大局限性，而供应链金融是立足于实体经济中的产业而产生的金融活动，是供应链与金融两个领域交叉产生的创新。

供应链金融是一种特定的微观金融范畴，它不同于传统的银行借贷和风险投资等形态的金融活动，是立足于产业供应链，根据供应链运营中的商流、物流和信息流，针对供应链参与者而展开的综合性金融活动。其目的是利用金融优化和夯实产业供应链，同时又依托产业供应链运营，产生金融的增值，从而促进产业供应链和各参与主体良性互动，持续健康发展。供应链金融业务的操作关键，在于有效锁定特定的现金流，实现融资项目资金与企业主体资金的风险隔离，从而将融资企业的主体风险和债项风险进行有效隔离。所以，只要融资业务的债项现金流稳定且可控，即使承担融资业务的企业主体财务状况或信用并不是很好，也可以实施操作。

对企业来说，供应链金融模式是能够降低成本和提高效率的最优解决方案。通过在供应链金融平台上进行各项登记，可以实现供应链金融各项资产的数字化，进而使之流转起来更容易；而对于资产不可拆分问题的克服，也方便企业根据自身的需求转让或抵押相关资产，以获得现金流的支持。如此一来，一方面可以大大降低融资成本，另一方面也可以凭借可靠的数字资产来解决融资难的问题。

供应链金融一般是指利用供应链上核心企业的信用支持为上下游中小企业提供相关的金融信贷服务（见图 5-1）。与传统对公信贷侧重大中型企业不同，供应链金融能够在掌握整条供应链上的商流、信息流、物流和资金流的全局图景后为中小企业提供更快捷方便的资金融通支持。

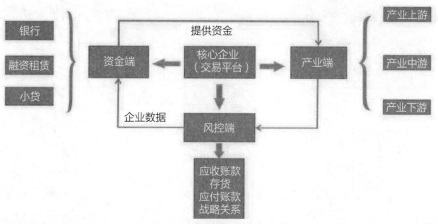

图 5-1　供应链金融示意图

在运作模式方面，供应链金融围绕核心企业，覆盖上下游中小微企业，这需要商业银行、保理公司等资金端的支持，物流、仓储等企业的参与，以及企业信息技术服务、金融科技服务等。在多主体参与的环境中，协作是良好运转的核心，但协作的基础是信任与利益分配。为此，作为一种信息可追踪与不可修改的分布式账本，区块链技术为各参与方提供了平等协作的平台，能够大大降低机构间信用协作风险和成本。各主体基于链上的信息，可以实现数据的实时同步与实时对账。区块链技术的成熟，为供应链金融行业的种种痛点提供了完美的解决方案，而"区块链＋供应链"的模式，也为资产更安全高效提供更为可靠的保障。

在供应链条中参与主体的融资需求通常发生在三个阶段：采购阶段、生产阶段以及销售阶段，与此相对应的企业流动资金占用的三个科目：预付账款、存货及应收账款，利用这三个部分资产作为企业贷款的信用支持，可以形成预付款融资、存货融资以及应收账款融资三种基础的供应链融资模式。

1. 预付款融资

预付款融资是指企业在贸易中，核心企业、供应商、金融机构三方合作，核心企业凭采购合同向金融机构申请融资支付货款，并将提货权交由金融机构控制的一种融资模式（见图5-2）。核心企业在缴纳货款后凭金融机构签发的提货单（或提货指令）向供应商提取货物。为有效控制提货权，金融机构往往采取仓单质押的方式。

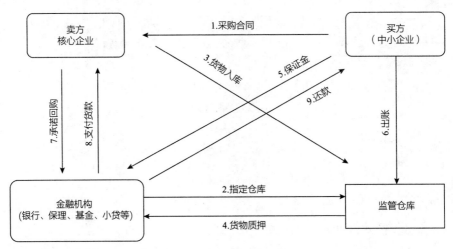

图 5-2   预付款融资模式

仓单质押是以仓单为标的物而成立的一种质权。仓单质押作为一种新型的服务项目，为仓储企业拓展服务项目，开展多种经营提供了广阔的舞台，特别是在传统仓储企业向现代物流企业转型的过程中，仓单质押作为一种新型的业务应该得到广泛应用。

为了防止虚假交易的产生，银行等金融机构通常会引入专业的第三方物流机构对供应商上下游企业的货物交易进行监管，以抑制可能发生的供应链上下游企业合谋给金融系统造成风险。

2. 存货融资

存货融资是一种对物流、信息流、资金流进行综合管理的融资担保创新业务，其内容包括物流服务、金融服务、中介服务和风险管理服务以及这些服务间的组合和互动（见图 5-3）。其中"融"是指金融，代表着资金；"通"是指物资的流通，代表着物流；"仓"指物流的仓储，代表资产存储，因此物流企业与金融机构合作参与提货权控制，是融通仓融资的一个显著特点。融通仓业务通过上述供应链各方的集成，搭建统一管理、综合协调、业务集成的平台，使融资担保多样化，为企业的融资建立了更宽阔的桥梁和连接纽带。

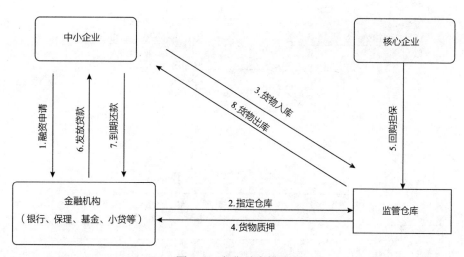

图 5-3　存货融资模式

为规避抵押货物的贬值风险，金融机构在收到中小企业融通仓业务申请时，一般会考察企业是否有稳定的库存、是否有长期合作的交易对象以及整体供应链的综合运作状况，以此作为授信决策的依据。融通仓业务作为金融机构分散信贷风险的一种形式，可以实现共同治理信贷风险，同时为中小企业提供一体化物流金融服务，实现多方共赢的局面。

3. 应收账款融资

应收账款融资是在供应链核心企业增信、反担保的前提下，供应链上下游的中小型企业以未到期应收账款向金融机构进行贷款的融资模式，可以帮助大量中小供应商及时获得短期经营性资金，保障企业正常生产经营有序，促进整个供应链生态健康，从而使整个市场运行富有活力。供应链金融从法律上又可细分为应收账款转让、应收账款转让及回购（转让人增加回购义务）、应收账款收益权转让及回购（转让人向受让人借款回购）等多种业务操作方式。

供应链中的供应商是债权融资需求方，以核心企业的应收账款单据凭证作为质押担保物（见图 5-4）；核心企业是债务企业，并对债权企业的融资进行增信或反担保。一旦供应商出现无法还款的问题，核心企业需要承担金融机构的坏账损失。

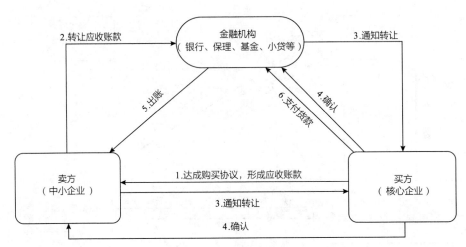

图 5-4　应收账款融资模式

应收账款融资使得上游企业可以及时获得银行的短期贷款，但目前大多只能做到与核心企业有贸易往来的中小企业，远离核心企业的供应商难以通过此模式获得融资。

以上三种融资模式可以组合形成涉及供应链中多个企业的组合融资方案。例如，初始的存货融资要求以现金赎取抵押的货物，如果赎货保证金不足，银行可以有选择地接受客户的应收账款来代替赎货保证金，同时，针对核心企业、上游供应商、下游经销商提供不同的融资方案组合，综合运用优惠利率贷款、票据业务（贴现、开票）、透支额度管理、保理、订单融资、采购账户封闭监管、国内信用证、保函、附保贴函的商业承兑汇票等产品和工具。

目前供应链金融产品大多采用存货融资与预付款融资模式，以应收账款作为主要还款来源进行授信的融资模式还无法实现，主要原因在于融资风险识别和控制难度较大。

5.3　农业供应链金融的现状和痛点

虽然每个具体行业的供应链都存在大大小小的差异，但是农业的供应链金融和传统供应链金融没有本质上的区别，都是以核心企业为主（如农产品制造加工核心企业）对其上下游中小企业、农户或消费者利益进行捆绑，通过科学合理设计金融产品，满足供应链各环节融资需求，从而保证农业供应链金融能够正常运作及发展。我国农业现代化的推进，催生了农业中小企业乃至农户对资金的大量需求。根据中国社科院财经战略研究院发布的调查显示，我国在三农领域存在的金融缺口约为 3 万亿元，供应链金融在农业领域的潜在机会巨大。

农业供应链所特有的集约化程度低、流通成本高、经营不规范等特性，造成了以下痛点，使供应链金融业务难以在农业供应链条中大规模开展。

1. 农业中小企业自身实力较弱

农业企业一般基础相对薄弱，经营规模较小，资产较少，缺乏现代企业管理经营理念，公司内部经营管理、财务制度等不完整、不健全、不规范，并且大部分的企业员工专业技能、创新能力不高，导致企业的持续提高能力弱，缺乏市场竞争力。农业小企业由于自身实力不足，包括内控制度、市场意识等方面，抗风险能力较弱，因此经营发展过程中一旦受到外界环境的干扰或市场的冲击，将面临较大的风险，为企业融资带来一定的风险，并且农业企业容易遭受自然灾害影响的特性，也增加了其风险性。

2. 核心企业信任无法传递

传统中小企业难以获得良好信贷的一个重要原因就是缺乏有价值的抵押资产，而在农业的供应链参与方中，尤为突出。传统银行信贷业务中依赖的资产抵押或结构化的硬性信息，如资产负债表、电表和水表信息等，在三农领域是不完全具备的。然而农业供应链中的核心企业通常不仅体量巨大、信用良好，甚至许多情况下具有国家背书。不过由于数据壁垒的存在和传统业务抓手的局限性，在多级供应商参与的农业供应链金融模式中，核心企业的良好资信只能传递到一级供应商，无法传递给金融服务需求更强烈的中小农业企业或农户。

3. 信息不对称无法打通，存在孤岛

农业供应链天然存在主体较为分散的特性，而我国三农领域同时存在信息化程度不高的问题。虽然近年来国家已大力推广农业信息化建设，然而供应链金融信息散落在供应链企业各自信息系统中，形成众多"信息孤岛"。由于供应链金融科技应用不足，线上的商流与线下的物流无法做到信息透

明且全程可视，流通和融资环节信息重复验证，交易信息和财务票据可以遭篡改，且对账成本极高，增加了抵押货权的控制难度，容易形成重复质押、重复担保、过度授信甚至恶意违约等风险。

4. 供应链金融风控手段难以把握

目前国内在供应链融资领域还没有形成一个独立的企业风险控制体系，没有建立专门的债务评级、运营平台、审批通道，市场交易因信用缺失造成的机会成本和财务成本较高，且在风险的度量上缺乏经验，还没有摸索出成熟的方法。核心企业与供应商，以及供应商之间的结算基于传统的清结算方式，无法基于合同约定自动完成，由于存在大量不稳定因素，供应链各级欠款方延期付款、拒绝付款的风险始终无法消除，全链资金流转效率受到显著影响。

5.4　农业供应链金融模型

供应链金融是银行围绕核心企业，面向其供应链上下游企业提供的系统性融资服务。供应链金融降低了中小企业融资门槛，拓展了商业银行中间业务发展空间，能够实现银行与企业之间的互利共赢，有利于促进市场经济活跃高效发展。虽然供应链金融市场空间广阔，但业务落地过程中仍面临诸多痛点和挑战。区块链特有的技术属性能为供应链金融业务赋能，解决实施过程中遇到的痛点和难题，助力相关方跨越障碍（见图5-5）。

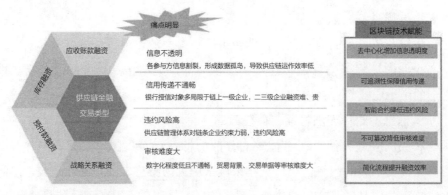

资料来源：艾媒咨询

图 5-5　区块链技术与供应链金融的融合

供应链金融是区块链技术的典型应用场景，区块链技术以下的几个特点可以实现供应链交易的各环节公开透明，不可篡改。

- P2P网络的应用机理。P2P网络（peer-to-peer network，对等网络）是一种对等计算模型在应用层形成的组网形式。通过将P2P技术作为通信基础，网络上的各个节点地位是平等的，每个节点都会承担网络数据的交换、数据区块的验证等工作。一般情况下，网络中的节点可以动态加入，加入的节点越多，网络的信任机制就越强。供应链金融是一个多方参与的商业模式。不论核心企业、供应商还是金融机构的业务往来，都有自身的利益诉求。如果利用区块链作为底层技术建立一个公开透明、平等互利的网络生态空间，使供应链金融参与各方实现点对点的交易流程，就能够大幅降低整个商业交易成本。

- 共识算法的应用机理。区块链技术P2P网络节点上存储的数据具有强一致性，而各节点数据一致性是通过共识算法来实现的。不同的区块链网络可能采用不同的共识算法来实现。如公有链中，采用PoW、PoS等共识算法；许可链网络中，采用PBFT、Raft等一致性共识算法。不论采用哪种算法，最终的目的都是为了保证网络节点数据具有一致性。数据达成共识，记账节点就会将生成的区块广播到全网并保存已达成共识的数据。供应链金融各参与方无法实现信息的自由交互，"信息孤岛"和信息不对称是突出的问题。区块链技术通过共识算法能够保证各方数据的一致性，且不需要中心化机构来维护，从而大幅降低建设成本，使各参与方更容易接受。而且数据的一致性是通过算法保证的，避免了人为操作的误差，确保了全网数据的真实可靠和公开透明。

- 账本结构的应用机理。区块链的数据结构相较于传统的数据库有所不同，采用的是一种块链结构。网络中的各节点通过共识将一段时间内的交易打包成一个区块，并广播保存到全网络，并且通过区块的哈希值，将各个区块链连接起来。这样的数据结构，保证数据具有时间序列的特性，且不可修改和删除，只能添加和查询数据。上链数据往往采用密码学机制，保证数据真实可靠，并不可被篡改。供应链金融中数据的真实性无法把控，造成金融机构征信成本很高。如何判断重复质押，虚假票据都是令人棘手的问题。如果将所有线下验证数据都能够在线上实现，把各参与方的数据都记录到区块链上，保证数据不可撤销、不可删除、不可篡改，增加参与各方的作恶成本和难度，就能够大幅降低金融机构的征信成本，有效提高投资效率。

- 智能合约的应用机理。智能合约是区块链的重要特性，是一种能够实现自我验证和执行的计算机指令，不需要人为干预。银行其实就是通过智能合约机制来实现账户管理。用户对账户的操作需要通过银行的授权，离开了银行的监管，用户是无法实现最简单的存取款操作的。智能合约能够替代中心化银行的职能，实现链上各机构共同认可并维护的一种规则机制，并且将规则高效执行。供应链金融中，赊销是最常见的商业模式。在赊销的情况下，对账是最大成本开销之一，需要物流、资金流、商流的统一，涉及多个系统的数据一致。传统方式各系统的数据是割裂的，无法统一。

区块链技术可以将供应链金融参与各方连接到区块链网络中，通过部署在区块链上的智能合约将各方的合约规则记录下来，并设置合约触发条件。一旦条件触发，即可自动执行合约里的规则，不受人工干预。在赊销对账环节，就可以引入智能合约机制，有效降低对账成本，提高效率。

因此，通过区块链特有的技术特点，能够实现全网数据的价值传递，将核心企业信用传递给上游的中小企业供应商，使他们能够获得一定的核心企业授信，从而获得较低成本的资金。通过区块链的不可撤销、不可篡改特性，保证链上数据的真实可靠，从而减低金融机构的征信成本，将资金更有效地投放到那些对资金更渴望的中小企业当中。在这个过程中，如果中小企业融资成本降低，核心企业的采购成本也会降低，最终实现整个产业链条的良性发展，提高自身产业链条的竞争力。

5.4.1 封闭业务流程模型

区块链架构下的农业供应链金融业务采用封闭业务流程，保持现有供应链的交易流程，仅对交易模式进行创新。利用区块链实现跨链，形成由多个供应链体系组成的联盟，能够有效打通不同单链闭环中的身份信息及征信数据，让中小企业在联盟中拥有唯一身份，使资金方可以低成本介入不同领域，弱化金融机构的中心化地位，提升中小企业的话语权。

首先，中小企业和金融企业能够跟踪金融业务进度，减少人为干预，降低资金偿还风险。与传统农业金融供应链上的业务模式相比，结合区块链智能合约的自动清算功能，以及区块链的安全性和稳定性等特点，供应链各方将整个流程的交易数据相互传递、相互沟通，并上传至各自的区块中，保障整个流程信息的完整性，实现相互校对，提升供应链金融的效率（见图 5-6）。

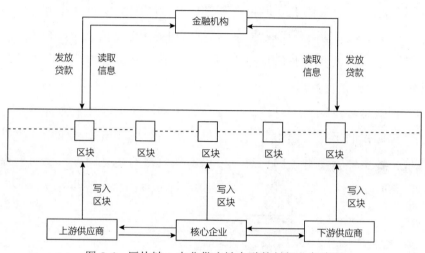

图 5-6 区块链 + 农业供应链金融的封闭业务流程

其次，这种封闭业务设计能保障农业供应链金融中的流程可视、风险可控。每一条链上的供应商、金融机构和各个企业所产生的交易记录和信用状况都被完整记录到区块链中，金融交易数据得以实时更新。区块链下的供应链金融平台将区块链上的不同主体采用来源相同的数据进行汇总，使得涉农企业订单、账务凭证转化为数字资产，促进了农业供应链上企业间的信息流通，缓解了因信息不对称引发的信用风险问题。

再次，农业供应链封闭业务设计，借助区块链技术掌握供应链上所有的交易信息与资金往来，共享链上的实时数据，达到业务各方单点记账、全网广播的共识功效，简化收集和汇总数据的烦琐程序，并让监管机构成为核心节点，保障平台的良好运转，监管供应链金融的整体流程，使流程进展更顺利，提升监管审核效率。

具体而言，区块链技术能够从以下四方面为农业供应链金融赋能。

第一，助力供应链金融资产数字化。资产数字化是企业降低成本、提高金融效率的最优方法。金融信息通过在区块链平台上进行各项登记，可以实现供应链金融各项资产的数字化，进而使之流转起来更容易；而对于资产不可拆分问题的克服，企业可以转让或抵押企业相关资产，换取企业经营所需的资金，一方面可以大大降低融资成本，另一方面也可以凭借可靠的数字资产来解决融资难的问题。

第二，推动多主体更好地合作。供应链金融围绕核心企业，覆盖其上下游中小微企业，这需要商业银行、保理公司等资金端的支持，物流、仓储等企业的参与，以及企业信息技术服务、金融科技服务等。在多主体参与的环境中，协作是良好运转的核心，但协作的基础是信任与利益分配。为此，作为一种信息可追踪与不可修改的分布式账本，区块链技术为各参与方提供了平等协作的平台，能够大大降低机构间信用协作风险和成本，提升整体价值。各主体基于链上的信息，可以实现数据的实时同步与实时对账，保障信息的安全性。图 5-7 展示了农业供应链体系的金融解决方案。

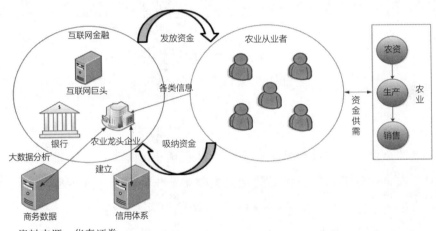

资料来源：华泰证券

图 5-7　农业供应链体系的金融解决方案

第三，实现多层级信用传递。在供应链上，经常会有多层供应销售的关系，但在供应链金融中，核心企业的信用往往只能覆盖到直接与其有贸易往来的一级供应商和一级经销商，无法传递到更需要金融服务的上下游两端的中小企业。区块链平台的搭建，能够打通各层级之间的交易壁垒，从而实现对与核心企业没有直接交易远端企业的信用传递，将其纳入供应链金融的服务范畴中。

第四，智能合约特性防范履约风险。智能合约，是指一个自动执行区块链上合约条款的计算机程序。通过智能合约的加入，金融交易中的各方即可如约履行自身义务，确保交易顺利可靠地进行下去，而链条上的各方资金清算路径固化，可以有效管控履约风险。

5.4.2 应收账款融资模型

目前，金融机构的应收账款融资主要针对核心企业的一级供应商放款。因为一级供应商与核心企业有明确的合同及业务来往，以核心企业的信用背书，所以金融机构很放心为一级供应商提供服务。在产业链条长的供应链生态中，越是上游的企业越需要资金的支持，而金融机构却很难为他们提供服务。主要原因是越是上游的企业规模越小，很少有抵押物品，企业信息化水平可能比较差，获取企业信用数据比较难，从而导致金融机构征信成本高、风险大，不愿意提供资金支持。

供应链金融如果采用区块链技术，可从某种程度上缓解上游企业获取资金难、资金贵的问题。通过区块链将金融机构与各级供应商连接起来，由于区块链上的各节点数据具有一致性，从而使金融机构能够看到整个链条的数据信息，并且真实可信。这样，金融机构就有可能为上游企业提供金融服务（见图 5-8）。

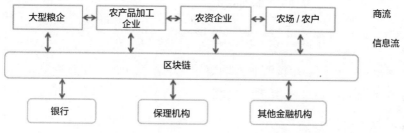

图 5-8 区块链技术下的应收账款融资模型

农业领域的供应链与传统制造业供应链存在差异，主要特点是供应链条长、供应商多、分散程度高。在整个产业链条中，供应商存在不同的级别，供应商的上游还有供应商。而在整个农产品的供应链条中，可能存在上游终端的农户供应商数百家。越往上游发展，企业的规模一般越小、分散、资金少，获取资金能力差，资金成本高。到了农户这一层级，他们大多因管理成本过高或教育水平不高，无法提供规范、透明的生产报表和财务报表，呈现出融资分散、小额、短期的特点，没有银行授信，几乎无法在银行融资。这些供应链参与者急需资金支持，但银行又很难给这些企业提供资金服务。对资金方来说，目前存在的融资服务主要围绕核心企业开展，做其一级供应商的金融服务，无法再延伸到更多级的供应商。这是因为，一级供应商与核心企业有直接的合同以及货物、财务的来往，信用数据更容易获得，征信成本更低。而且依靠核心企业的背书，一级供应商的违约概率往往很低，金融机构的风险也大幅降低。而更上级的供应商很难得到较低成本的资金支持，不得不寻找利率更高的资金支持，进而大幅增加了自身的成本。

在供应链金融应收账款融资场景中存在多个参与角色。因此，非常契合区块链技术多方参与的特点。在产业链上下游的资金、信息流转过程中，如果能够把信用也随之一同传递，即可大幅提高供应链金融效率、降低供应链金融成本。而区块链技术正是实现链条的信用传递的技术保障。

传统商业模式中，应收账款商票是最常用的赊销凭证。原有的供应链金融服务中，也存在票据的转让、抵押等服务。但这些服务的前提都是以票据的持有方为服务对象。而在商票中，仅能体现合同双方以及合同额的简单信息，无法将产业链条的信息都体现出来，从而无法有效传递这种商业行为信用。通过区块链技术，将商票的信息上传到区块链平台，记录到区块链上。通过区块链的价值传递特性，能够将商票中的部分信用拆分传递给上游企业，从而实现核心企业的信用传递给其上游各级供应商。

金融机构能够在区块链上查找到各级供应商企业的融资申请，并能够溯源到最源头融资凭证，从而根据自身金融机构的风险评估，给予各级供应商相应的资金服务。通过这样的方式，实现将核心企业的信用价值传递给其各级供应商，帮助其供应商以更低廉的成本获取资金的支持（见图5-9）。

区块链能够保证线上数据的真实可靠，但上链的数据需要由企业及金融机构一同背书并认可。因此，所有信用的源头即商票的开出需要由信用好的核心企业开出，甚至由第三方的担保机构进行担保。而所有这些动作

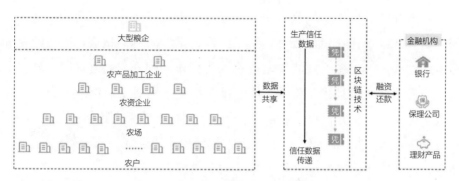

图 5-9　农业供应链应收账款融资模型

都会记录到区块链上。只有从源头保证上链数据的真实、可靠，才能保证
整个区块链网络运转的安全稳定。

　　以某大型国有粮食企业为例，在该大型粮企给其一级供应商农产品加
工企业开具商票后，农产品加工企业就可根据自身的生产和采购情况，将
商票进行拆分，将拆分的一部分流转给其上一级的农资企业，作为付款凭证，
同时农资企业也可以做同样操作付款给上游农场。通过这样的拆分传递，就
能够解决传统商票信用无法传递的问题。将传统商票确认并数据化上传后，
即可将其进行数字化拆分、流转。在流转过程中，可以查到商票的源头是
由大型粮企开出的，从而实现将核心企业信用逐级传递。

　　在每次拆分和传递过程中，都需要参与方进行签名验证，从而保证所
有的数据都是以真实贸易为依托，并且写入区块链不可篡改、不可撤销、
可追溯查询（见图 5-10）。

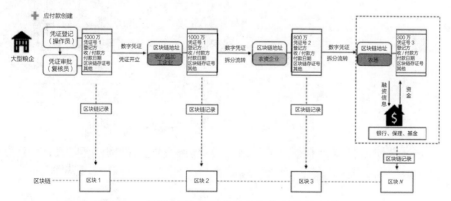

图 5-10　区块链技术下农产品应收账款融资模型

而传统的供应链金融服务中往往存在很多线下操作，如合同审核、票据确认等。线下操作风险极高，给予欺诈、重复融资的机会，同时给在偏远地区的农户、小微企业增加时间及人力成本。但在农村互联网普及化的今天，采用区块链技术，将所有线下操作都统一到线上，将所有合同、凭证数字化后，上传并保存，供应链平台上所有操作都采用数字签名、验证，具有法律效力，可杜绝刻假章，出具假票据的现象发生。另外，采用线上操作，使各参与方都能够很方便地查看凭证数据，提高审核效率。

在融资还款阶段，将所有融资规则以及还款规则写入区块链的智能合约当中，能够有效保证资金的自动流转，降低人为干预。在传统的供应链贸易中，往往存在着某级供应商拖欠账期，从而损害其上游各级供应商的利益。从整个供应链生态来看，这种情况大大损害产业链条的健康，侵害上游供应商的利益，提高其成本，最终会传导到大型粮企，影响大型粮企的利益。因此，通过智能合约机制，能够有效地杜绝拖欠账期的发生。当该大型粮企兑现了它的商业承诺，就可以触发区块链上的智能合约，从而将该凭证链条下所有的资金按照清分规则，清算到各个农产品加工企业、农资企业、农场及金融机构的账户中。不但有效遏制拖欠问题，同时降低对账的成本，实现供应链金融账单的实时对账（见图5-11）。

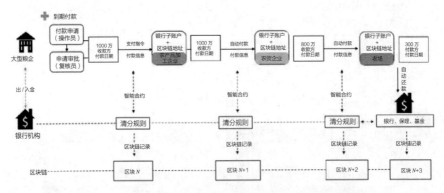

图 5-11　区块链技术下农产品应收账款融资还款模型

通过区块链技术连接供应链上下游各链条及金融机构，把物流、资金流、商流信息有效地整合到一起，具有如下优势：

● 信用高。整个信用链条以国有大型粮企为起点，将该大型粮企的信用传递到产业上游中小企业。

- 成本低。产业链上游中小企业能够获得大型粮企的信用，以较低廉的利率获取资金服务。
- 获客易。金融机构通过大型粮企的信用传递，可以把更多大型粮企上游多级供应商当作目标客户，且征信成本很低。
- 可追溯。通过区块链技术，所有交易都可从链上追踪溯源，并可永久保存。

基于以上优势，以区块链技术为基础，构建农业供应链金融的应收账款融资模式，可以实现核心企业、上游中小企业、金融机构多方共赢，最终缓解中小企业融资贵、融资难问题，扩大金融机构投资渠道、降低投资风险，丰富核心企业的产业链条，使农业产业链条更加健康、高效、稳定。

5.5 农业供应链金融案例分析

新希望集团是农业产业化国家级重点龙头企业，也是探索农业供应链金融模式创新的农业龙头企业先锋。从 2007 年起，新希望集团设立全国首家农业养殖担保公司，开始探索为合作农户提供金融支持。新希望集团在原有产业供应链金融公司的基础上，组建新希望金服，统一管理产业链金融公司，并借助区块链技术，提供农业供应链金融服务，促进农业产业发展。

在 2019 年第 17 届国际农产品交易会上，新希望集团发布了数字农业"六好"方案，即"买好＋养好＋卖好＋运好＋融好＋追溯好"，如图 5-12 所示。其中，"融好"指新希望金服基于区块链技术开发的"好养贷应用平台"，该平台打通了产业大数据和外部多方数据源，为产业链下游经销商和养殖户等提供多样化的一站式供应链金融服务，一定程度上解决了传统农村金融中小微企业融资难的问题。通过区块链技术，在整个链条上实现信息共享和信用传递，确保信息的真实可信、不可篡改和可追溯，区块链赋予了新希望好养贷应用平台新的优势，通过金融服务可以更加有效地推动畜牧业发展。

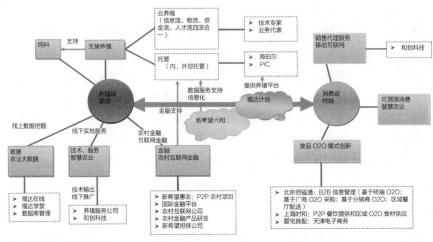

资料来源：华泰证券

图 5-12   新希望集团供应链金融整体模式

具体来看，好养贷模式采集内外部数据，并利用区块链技术实现数据采集、汇总、交叉验证、数据共享，具体有四个层次的内容。一是新希望金服整合内外部数据，建立独具行业特色的大数据库。在大数据库中，外部数据包括工商、司法、财税等较为公开交易的数据，内部数据包括下游客户与新希望集团的交易数据、支付数据、赊销数据以及新希望（类）金融公司的信贷数据等。内部数据补充了外部数据维度不够丰富和颗粒度不够细的劣势，极具信用评估和风险甄别价值。二是依托其大数据库，结合农业生产自然规律和行业经验，建立大数据风险管理模型，形成客户信用管理系统。在客户信用管理系统形成对下游客户进行预授信的基础上，精准营销金融产品，消除了传统信贷审批慢和审批结果不可控的弊端，极大提升了场景金融渗透率。此外，客户信用管理系统搜集整理客户信贷过程中的支用偏好、还款等信息，可进一步调整优化对客策略。三是依托强大的金融科技力量开发操作便捷、用户友好的手机应用程序，即"好养贷应用平台"，为中小微企业或者农户提供手机端注册、认证、申请授信、支用、还款和查询等功能。四是开拓广泛的资金来源，不断降低客户信贷利率，走向普惠金融。依托新希望集团的综合实力和品牌美誉度，新希望金服与众多金融机构建立了良好的合作关系，并在资本市场上进行创新性融资。

对比分析传统农牧供应链金融模式和新希望集团好养贷产品模式，新希望集团基于区块链技术的农业供应链金融具有三个显著特点。一是面向客户群体更为市场化，降低了对核心企业最终付款能力的依赖。传统农牧供应链金融大都以核心企业的供应商为目标客户，提供融资服务，依赖核心企业的最终付款能力，减少信贷风险，而新希望集团好养贷产品则面向众多的经销商和养殖户等，该客户群体的还款能力更依赖其自身的信誉和还款能力。二是"用户体验至上"的互联网金融精神。经销商和养殖户等客户资金需求具有金额小、周期短、频率高、时效强等特点，从用户的需求出发，好养贷产品打造"纯信用、随借随还、操作方便、体验感强"特色，并在推广过程中及时搜集客户需求信息，调整产品和服务设计以及营销方案，与客户形成良好的互动。三是贴合产业的风险管理模型。基于区块链的农业供应链金融的本质仍是金融，业务模式的优越性最终体现在信贷规模、信贷效率和风险管理三个方面。

从供应链金融的信贷规模上看，该产品虽推出时间较短，但上线仅仅一个月时间内，已覆盖全国十余个省市，为数千位客户提供金融服务，授信规模数亿元，金融渗透率高达40%。

从信贷效率上看，传统小微贷款依靠人工做贷前审查和贷后管理，难以实现客户规模的突破。基于区块链技术的农业供应链金融模式实现了批量获客，大幅提升了信贷效率，减少了运营成本。

从风险管理效果上看，基于区块链技术的农业供应链金融模式依托新希望集团在农牧领域的资源积累，将历史经验转化为不断更新迭代的风控模型，实现了风险管理智能化，能够有效减少信息不对称，切实降低信贷风险。

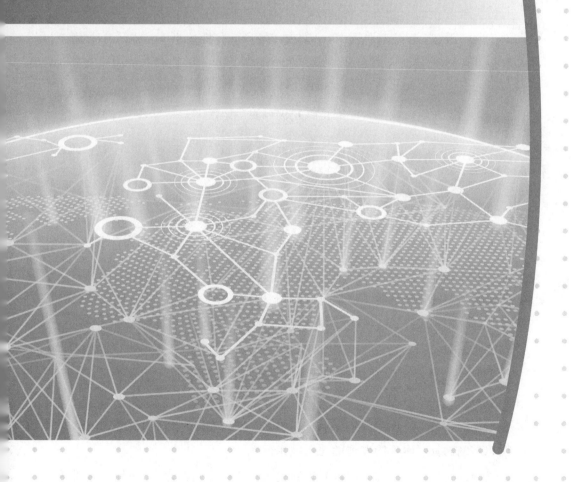

第 6 章

农业保险技术分析及实践

6.1   农业保险行业的现状和面临的挑战

6.1.1   传统保险行业的现状

当前我国保险业正处于一个复杂多变的市场环境。首先，从保险行业整体发展形势而言，中国是保险大国，却不是保险强国。我国保险的普及程度、投保的受惠程度、费率的优化程度、险种的丰富程度、市场的开放程度还有较大改善空间。其次，从保险行业的商业模式和技术手段而言，存在着增值服务不够、保险消费误导、理赔效率低下、行业信息不对称，骗保骗赔、信任缺失等问题。目前大多数保险公司的核心业务模式和业务信息系统仍停留在早期的采购开发系统，如何从技术层面推动保险核心业务系统转型，成为保险企业保持竞争力并取得先发优势的决定性因素。

6.1.2   互助保险的兴起及面临的挑战

互联网、大数据、区块链等技术与保险业务的深度融合为保险行业创造了更多的拓展空间，促进了互助保险的兴起和不断发展。互助保险改变了传统保险的商业和技术模式，可以有效地降低保费，并极大地惠及民众。但互联网保险的线上交易带来了经济性和便捷性的同时，保险客户的个人身份信息、资金账户等私密信息却面临着信息安全风险。

目前主流互助保险平台在机制设计上存在缺陷，部分环节存在违规操作隐患，可能会导致诸如平台篡改投保人数来让投保人多均摊保费；篡改投保时间、投保人身份违规输出利益；挪用保险资金池，给投保人的保险资金带来风险；投保人与鉴定机构、医院协同虚构病情、医疗档案形成不合理赔付等现象。而现有的技术工具和管理方式成本投入高且收效不大，这也是制约互联网保险发展的严重技术问题。

因此，保险行业需要积极寻求新技术和新模式完善管理机制，提升服务水平。区块链技术在数字身份认证、智能合约等方面的技术应用于保险行业，有助于加强对客户私密信息的保护、降低信息不对称风险、降低互联网保险成本，并可实现信息流、价值流的共享传输，为保险行业的技术发展创造新的机遇。

6.2　区块链技术在农业保险领域的应用

6.2.1　基于区块链技术原理构建保险业务模型

从区块链技术和保险业务的特性出发，应用密码学、哈希算法、点对点传输、时间戳验证、分布式记账、智能合约等区块链的核心技术来构建更智能化、安全可靠、更低成本和更便于交易的保险业务新体系。保险区块链应用要关注顶层设计，初期应用需要树立相对独立的局部思维，寻找最为可能技术实现的突破口。目前初期阶段基于区块链技术原理可以构建以下三种保险业务模型。

6.2.2　基于哈希函数、时间戳构建区块链数字身份识别和管理系统

区块链本身是一串链接的数据区块。区块数据结构是由"区块的头信息＋区块主体信息"构成。区块头信息由版本号、哈希值、Merkle根、时间戳、难度值等组成。

区块主体信息记录交易信息。每一个区块头信息都包含了前一个区块的交易信息压缩值，即每下一个区块的页首都包含了上一个区块的索引数据，然后才能在本页中写入新的信息，每个区块只能按照时间顺序衔接在前一个区块之后，这就使得从初始区块到当前区块形成不间断的数据长链，而无法进行信息跳跃接续，从而保证了每个区块交易数据的可追溯和不可篡改。在区块链所构建的记账协议机制中，真实性得到全网（或大部分

节点）一致比对认可时，记账数据才被允许写入新的区块中，每个节点既参与记账，也验证其他节点记账结果的正确性。因而形成一个公开透明且对等网络的分布式账本数据库。

区块链使用非对称加密算法加密和解密。公钥和私钥只有信息拥有者掌握，加密信息只有通过私钥才能够解密，"密钥对"中，一个密钥对信息加密或签名后，只有另一个密钥可以解密或验证，而且即使公开其中一个密钥也无法算出另一个，以此保证信息的安全性。一个完整的区块链数字身份识别系统是多种技术的融合，其中有基于哈希算法的数据区块及其上的数字签名、时间戳、Merkle 树、P2P 网络和共识算法等，为区块链上的数据交易、传输、验证等功能提供了有效的技术支持。

基于区块链技术原理可以建立保险区块链数字身份识别与管理系统。投保人 A 通过系统入口输入真实的个人资料，公安、教育、银行、医疗及保险等机构验证投保人信息的真实性，并加盖时间戳，形成"数字身份识别区块 A"。投保人 A 进入保险业务管理区块进行财险 II 的投保业务办理程序，经过受理、验证和审核后，形成投保人 A 新的"财险业务区块 A+"，随后记入到投保人区块链数字身份识别和管理系统中。同理，投保人 B 通过系统入口输入真实的个人资料，进入系统进行寿险 I 的投保业务办理流程，之后形成投保人 B 新的"寿险业务区块 B+"，并记入区块链数字身份识别和管理系统中。以此类推，形成一个集个人身份信息和保险业务信息为一体的区块链数字身份识别与管理系统。

身份证明本质是基于第三方信任体系对身份的识别与确认。传统的身份识别系统效率低，容易被篡改和攻击，且维护成本高。基于区块链技术的数字身份识别系统能够自动识别和管理自己的身份信息（见图 6-1）。区块链数字身份识别系统中数据的存储、传输、验证等均基于区块链的分布式结构。而这个系统可以改变人们以往管理个人信息的方式，既可以拥有自己的个人数据存储和管理平台，又可以形成一个第三方访问个人信息的权限框架。这样将大大降低身份欺诈和索赔欺诈的概率，减少保险机构的经营损失，并增加人们对保险产品的信任度。如利用区块链技术，可以实现车辆信息、资产权属信息等投保标的信息的核查记录，建立投保人身份信息、医疗健康信息、财产信息、信用信息的上链记录，整合保险机构的保单投保信息、出险理赔记录、保险欺诈信息、保单保全信息等关联记录，保证上链信息的真实、完整、中立、安全、可溯，高效地实现保险客户的身份在线校验、信用验证与风险识别，充分发挥行业信息共享平台的服务和管理效能，支持保险监管，保护保险消费，辅助社会治理。

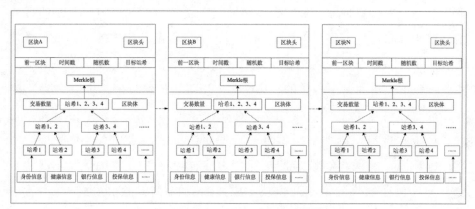

图 6-1　数字身份识别区块链模型

6.2.3　基于智能合约构建保险的核心业务处理系统

智能合约是一种计算机协议，协议一旦制定和部署就能实现自我执行（self-executing）和自我验证（self-verifying），而且不再需要人为干预。其原理是将合约条款嵌入计算机中，由代码定义合约条款，而且由代码强制执行，完全自动且无法干预，订立合同的双方无法在合同完成前单方面违约，一切都是按合同的约定自动执行。由于智能合约部署基于事先设定的合同条款等，可以不依赖于第三方媒介进行高效的实时更新和准确无误的执行，最大限度地减少恶意欺诈行为，节约交易成本。

基于区块链数字身份识别和管理系统，部署能够确保保险标的、保险条约、保险业务自动执行的程序，就可能实现自动化的验证、办理、审核和理赔等业务流程。当在保险业务管理系统中通过智能合约预设自动触发的业务条款和索赔条款及执行条件后，在投保人正常办理保险业务中，系统会让参与各方立即接触到执行指令信息，并对过程进行监控和审查，自动完成受理、验证、审核各环节流程，自动完成保险业务办理，最终达成保险合同和保险费用支付。智能合约系统自动执行过程中避免了人为错误，也减少了人力成本，而且节约了时间成本，在地域受理上也更方便易行；法律确定性更强，并且改善客户服务。在智能合约运营模式下，还可以执行保险的自动理赔业务。当保险标的出现时，只要满足理赔条件，保单条款将自动触发进行理赔，并自动完成理赔款的支付。整个过程无须投保人主动申请理赔，也不需要保险公司对理赔进行批准，实现效率提升，并使某些保险产品随着时间的推移实现自我管理。智能合约可以降低执行成本和监督成本，实现去中心化的、完全无人工干预的、复杂的价值交换。

智能合约本质上是一段程序，存在出错的可能性，甚至会引发严重问题或连锁反应，因此需要做好充分的容错机制，通过系统化手段，隔离运行环境，确保合约按预期执行。智能合约将是未来互联网发展的重要方向，现在面临的问题是新技术成熟的必然经历。保险业务核心管理系统模型如图 6-2 所示。

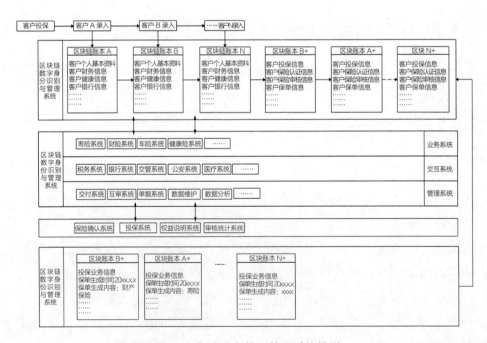

图 6-2　保险业务核心管理系统模型

6.2.4　基于分布式账本建立保险核心业务的技术架构

不同于传统互联网交易模式，区块链是基于协议和算法构建不同于传统评价模式的信用体系，通过区块链技术可绕过中间支付清算系统，实现点对点即时支付，大大缩减支付到账时间，从按日结算，缩短到以分钟为计量单位的结算效率。人们无须了解交易对手方，也无须处于由中心化地位的第三方机构进行交易背书，这对保险行业而言，最关键的应用体现在两个方面，一是摆脱人工记账和验证的烦冗工作，二是可以基于可信基础业务进行深度创新开发，最核心的价值体现在两个方面，减少信息成本和机会成本，即在保险主体业务内容不变的情况下，通过技术创新推动管理创新，不断削减可变成本，从而实现报酬递增。

区块链分布式账本是区块链技术的核心。分布式账本可以通过全网节点共同参与记录验证账本和存储更新数据，通过开源的去中心化协议，让交易信息通过分布式传播发送全网，再通过分布式记账予以确认，加盖时间戳后生成区块数据，再通过分布式传播发送到全网各个节点，实现分布式存储，从而使记账结果归集化、会计责任分散化、存储灾备节点化。保险业务的分布式账本构建可以设计为数据层、互联层、技术层、业务层和应用层。

区块链技术的本质是一种开源式、分布式以及颠覆式的互联网协议，区块链技术在保险业应用的基础也在于此。构建严谨、完整、大容量、去中心、可进化性与可扩展的保险业务数据库，保证即使参与记账的某些节点崩溃而整个数据库系统仍然能够做到信息完备和正常运行，同时在无记名、无背书的情况下，实现交易各方互信。因此，在区块链分布式记账技术模式下，可以建立一套完备的保险业务核心体系，实现各子系统的数据互联和信息分布，让数据在所有的参与节点实时更新，让信息流、资金流在系统中点对点进行交互，以此实现信息交易的可控化、效率化和准确化。

在保险业务实践中，中心控制体系和系统容错要求存在博弈关系，需要寻找最优均衡关系。而区块链技术的应用可以有效解决这一难题。传统保险机构系统大多使用中心服务器实现所有的信息交换和数据存储，负载过大，容易产生服务器响应延迟、数据丢失或损坏，造成经济损失，同时遭受外部攻击的风险相对较大。分布式账本具有去中心化的底层设计，其在技术层面上极难被攻破。出现外部对资产条目进行修改攻击时，由于存储在整个区块链网络中每个节点都拥有一个副本，需要同时对整个区块链网络账本进行修改攻击，这个难度极大。由于共识机制，出错的节点将会被整个网络舍弃。分布式的数据传播、验证和存储，也会较大幅度降低传统业务模式下的设备购置、人员配备、数据灾备、应急管理甚至是标准应用程序等方面的系统维护费用，同时可以避免中心化系统崩溃后导致全局性灾害后果。保险核心业务技术架构模型如图 6-3 所示。

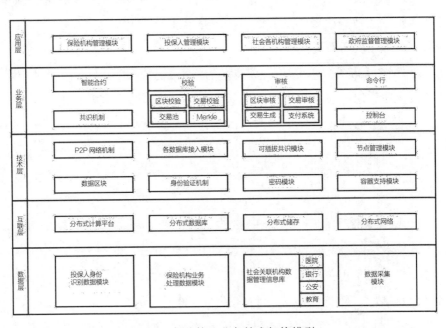

图 6-3　保险核心业务技术架构模型

保险行业管理者及大型机构应从战略布局和业务创新的高度，重视区块链技术在保险业务领域的应用，将区块链作为促进保险行业发展的重要创新技术，以区块链技术应用为手段，整合保险业务产品链，重构保险业务价值链，推动保险业商业模式创新，促进保险业发展方式转型。

第一，在保险行业应用场景、技术方案和商业模式上需要不断探究和创新，随着数学研究和量子计算机技术的发展，不断深入研究区块链技术的适用标准。第二，建立合理的区块链技术应用探索和研究机制，鼓励系统内部业务部门和技术部门的组织协调，作为系统性工程进行协同创新。第三，不断改进和完善区块链技术，适应保险业务发展特征和需要，重点解决区块链技术成熟性和稳定性问题、降低能耗绿色发展问题，数据存储空间制约问题、交易规模有效抗压性问题等，实现商业化应用加速。第四，完善制度安排，形成协同氛围，实现保险领域的高度"自治"，推动保险监管向制度性、平台式、社会化监督转变。尤其是要切实解决区块链技术的去中心化与政府监管的中心化之间的矛盾，切实解决线上线下有效融合、法律效益保障、价值认可等关键难题。第五，加强区块链技术开发应用的复合型人才培养工作。

6.3　基于区块链技术的保险业务实现路径

6.3.1　各业务系统的改造及与区块链对接

在参与方、上链数据的内容、上链数据的格式都确定后，就需要将区块链与参与各方的业务系统进行对接。一般业务系统是由参与方各自建设并维护的，要想与区块链进行对接，或多或少要对原有系统进行一些改造或升级。在这个过程中，需要区块链技术人员与各业务系统开发运维人员进行沟通。沟通的内容主要有两方面。

- 原有业务开发人员对区块链技术和开发方法的学习和理解。因为区块链是一种新的技术解决方案，相对于传统的中心化信息系统存在着很大的不同。业务开发人员需要学习理解区块链的去中心化的理念，了解数据加密解密以及签名验证的概念，初步认识共识机制的原理和特点。除此之外，业务开发人员还要学习区块链的开发接口，只有充分了解了接口功能，才能有效发挥区块链技术的特点，完成业务逻辑的编码和测试。

- 区块链技术人员对保险行业业务和流程关系也需要学习和理解。保险行业是一个传统的金融行业，但也在不断创新发展，采用区块链技术就是其重要的突破。这也要求区块链技术从业人员快速学习包括保险在内的各种金融业务。区块链技术人员应该做到快速理解保险业务系统的逻辑关系、数据的存储方式，这样，才能有效地跟保险从业人员探讨业务设计，帮助保险业务开发人员完成产品需求及设计，并能够提出合理的基于区块链的解决方案及建议，实现系统的快速构建。

6.3.2　确定上链数据内容及格式

由于区块链连接了各个业务系统，而各业务系统往往都是已有的，并且由参与方自己建设完成。因此，就需要各参与方约定上链数据的内容及格式，从而实现通过链上数据的互联互通，达到信息共享的目的。因此，需要在数据层中，在投保人身份识别数据模块、保险机构业务处理数据模块、其他社会关联机构之间达成数据层面的共识，提炼共同认可的数据内容和格式。

数据内容的确定。确定上链数据的内容是整个区块链项目建设的重点，往往决定项目建设的难易程度以及项目建设的周期。而数据内容的确定一般又是由区块链上参与的多方角色一起制定商讨出来的，这个讨论过程往往是艰难的。比如在保险公司、医疗机构、银行的三个参与角色中，参与的各方从自身利益角度出发，一定不会将自己全部数据都写入区块链中。银行从信息安全的角度出发，不会发布用户的资产情况，一般只提供转账服务和一定的账户信息。医疗机构从保护病患信息角度出发，不会将患者的病史信息发布到区块链上，一般只会提供病人的自然信息以及医疗过程中的费用清单等相关信息。保险公司一般只会将保单中的部分信息写入区块链中，而其后台的一些分析计算数据一般没有必要写入区块链中。因此，对于上链数据的确认不是一蹴而就的，而是需要参与各方多次讨论才能最终确定数据的内容。

数据格式的确定。在数据内容确定的基础上，需要对上链数据的格式进行确定。由于区块链采用了创造性的块链式的数据结构，从而实现了不可篡改、可追溯等特性。但正因为采用块链式的数据结构，一般情况下，区块链上的数据不宜过大，如视频、音频、图片这样的数据不适合写入区块链中。如果业务系统需要处理音视频这样的大文件，一般采用对大文件进行哈希运算，将最终的哈希值保存到区块链中。其他的文本类信息可根据各业务系统的情况，以 XML、JSON 等流行的数据传输格式记录到区块链中。

6.3.3　测试与验证

在以上步骤都完成后，还需要对基于区块链的保险应用的各系统进行测试和验证。由于区块链系统需要连接多个上链业务系统和机构，因此需要完善的测试和验证后才能够正式上线。测试和验证的重点主要围绕以下 4 个方向。

- 上链数据的完整性。也就是说，各业务系统写入的数据是否按照原有设计的内容和格式写入到区块链上需要充分验证。
- 保险业务的完整性。基于区块链技术的保险业务应该在不影响原有保险业务的情况下，提供更丰富的业务模式。因此，应该从保险业务模型角度，多做功能验证，保证原有保险业务逻辑不受影响。
- 上链数据的保密性。在区块链上有多个同业机构的情况下，为了防止数据被公开，数据一般都采用加密并且只有授权才能可见的方式，因此，数据保密性就特别关键。
- 上链数据的不可篡改性。链上数据的每次操作都需要进行签名和验签，以保证写入的数据和操作是不可抵赖的。因此，为了防止用户恶意篡改区块链上的数据信息，需要确保任何的操作和对数据的修改都要有使用者的签名和权限验证。

6.3.4　其他

做完以上步骤后，一个区块链项目就可以上线投产了。但在系统和业务的运行发展过程中，可能会有新的问题及新的需求。如新的机构要加入进来，有新的数据需要写入区块链中等这样的问题。因此，要求整个系统的设计者，在设计数据的内容和格式时有一定的前瞻性，熟悉保险的业务场景，能够保证满足一定的业务扩展需求。这里也需要保险业务开发人员与区块链技术人员在系统设计初期多沟通，互相学习，设计具有扩展性的方案，使新的需求能够更容易实现，快速满足业务需求。

6.4　区块链技术在保险中的应用案例分析

众安保险旗下的众安科技公司建立了国内首个金融科技农村开放合作同盟，并在安徽寿县茶庵镇落地金融科技养殖，将区块链技术应用在养鸡项目上。基于区块链等金融科技进行生态养殖，此举不仅可以挖掘农村万亿市场，打造农村信任经济，重塑农村金融的边界和内涵，同时也实现了农村的精准扶贫和致富。

在众安科技安链云输出全生态区块链技术，全程记录鸡从鸡苗入栏到成鸡，再经屠宰运输等，直至用户餐桌的全过程信息。区块链不可篡改的特点保障了这些数据一经录入便不可修改。为了保证数据的真实有效，安徽寿县茶庵镇步步鸡养殖整合了物联网、区块链、人工智能以及具有国际专利的防伪技术等，为每一只鸡都佩戴了物联网身份证——鸡牌。鸡牌能够自动收集鸡的位置、运动数据，并实时上传区块链。为了保证鸡牌不可复制，设备采用沃朴物联提供的拥有国际专利的防伪技术，结合了混沌学防伪、光学防伪等技术，完全做到一鸡一牌，拆卸即销毁。在实时监控设备上看到，步步鸡养殖采用物联传感设备对养殖环境进行全方位智能监控，包括气温、空气湿度、污染物，土壤相关的指标如温湿度、饮用水质等，辅助养殖户对饲养方式进行决策。环境传感器和区块链技术相通，环境传感器监测到的数据会自动上传到区块链上。

众安科技使用人工智能、机器学习技术实现对步步鸡智能监测，通过对鸡日常生活中的视频图像采集，并进行分析后可以实时判断鸡的健康和异常；步步鸡舆情分析系统还可以对相关部门发布的相关养殖病害情况进行实时监测，并分析当地养殖环境的相关数据，及时对疫情进行预警，保险公司也提供了农业保险等保障，降低农户的养殖风险。为了降低步步鸡的养殖风险，还首次为步步鸡提供保险服务。过去当农户希望为其养殖的鸡投保农业保险时，风险评估人员需要现场查看养殖资产，评估这些鸡会不会发生死亡，带来多大的收入损失等，由于评估流程和成本过高，农业保险虽然看似市场广袤，但始终未能呈喷发之势。

由于农民的鸡采用了区块链防伪溯源技术，农民养殖数量和死亡率等数据，现在只要通过区块链上的数据，即可实时知道，降低了保险和信贷的风控风险以及评估成本，调动了保险公司对农户和养殖资产的承保热情。据了解，步步鸡项目预计每年能提供农业保险、健康险、信息服务保险等数亿元的保险规模。区块链不可篡改的特点拓展了农村金融的边界。除了农业保险，基于区块链上的资产数据，银行可对养殖户放贷进行风险评估，也促进了农业养殖贷款问题的解决，让创业农民获得金融服务的门槛大大降低，推动农村创业发展。

第 7 章

赋能：区块链在农业应用领域的技术支撑体系

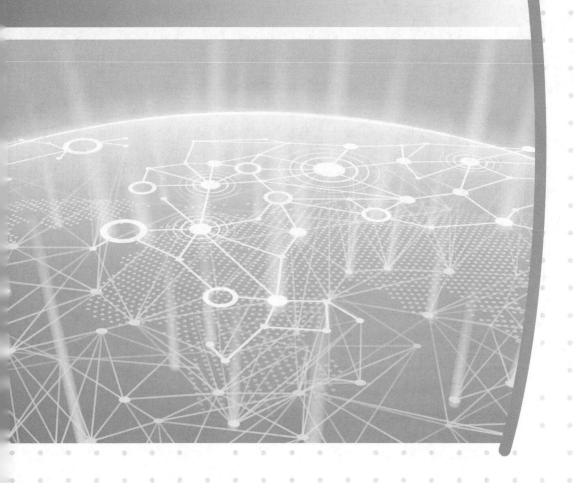

7.1　基石：信息化基础设施

2020 年中央一号文件对推进农业信息化的基础设施建设、农业信息化技术应用提出了具体的要求，强调要"依托现有资源建设农业农村大数据中心，加快物联网、大数据、区块链、人工智能、第五代移动通信网络、智慧气象等现代信息技术在农业领域的应用"，这为提速农业信息化、推动智慧农业建设指明了方向。

智慧农业是物联网、移动互联网、云计算、大数据等现代信息技术发展到一定阶段的产物，是现代信息技术与农业生产、经营、管理和服务全产业链的"生态融合"和"基因重组"。根据智慧农业的不同应用领域，可以对智慧农业进行有效划分，包括智慧农业生产、智慧农业管理、农业智能服务、智慧农产品安全。

智慧农业生产采用大数据、传感技术、物联网等手段促进农业生产的远程操控、可视化、灾害预警功能，实现集约化、规模化的技术生产，促进农业生产抗风险能力的提升。智慧农业管理是指在现代技术与手段基础上，对农业生产进行组织经营管理，有效解决农业分散种植、市场信息不充分等问题，改进产品质量水平、促进农业产业结构优化提升，促进农业发展的重要方法。农业智能服务是农业生产获取更多生产信息，学习专业知识与技能，消除市场信息的获取不充分的重要方法，生产信息服务及时为农民提供有关政策与方针的重要信息，物流服务平台可以最大程度地降低农产品运输中的损耗，减少农业损失。智慧农产品安全可以很大程度地提升产品质量，减少食品安全事件。

我国互联网络信息中心（China Internet Network Information Center，CNNIC）在京发布的第 46 次《我国互联网络发展状况统计报告》显示，截至 2020 年 6 月，我国网民规模达 9.40 亿户，较 2020 年 3 月增长 3625 万户，互联网普及率达 67.0%，较 2020 年 3 月提升 2.5 个百分点；农村、城镇网民规模分别达 2.85 亿户、6.54 亿户，分别占网民整体的 30.4%、69.6%，较 2020 年 3 年内分别增长 3063 万户、562 万户，农村网民规模增长迅速，如图 7-1 所示。

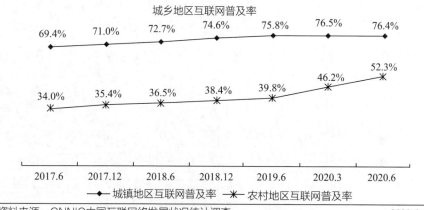

城乡地区互联网普及率

资料来源：CNNIC中国互联网络发展状况统计调查　　　2020.6

图 7-1　城乡互联网普及率

与此同时，我国的农业信息化、数字经济也在快速发展。国家互联网信息办公室发布的《数字中国建设发展进程报告（2019 年）》显示，我国农村数字经济蓬勃发展，物联网、大数据、人工智能、机器人等新一代信息技术在农业生产监测、精准作业、数字化管理等方面得到不同程度应用，总体应用比例超过 8%；2019 年我国数字经济保持快速增长，质量效益明显提升，数字经济增加值规模达到 35.8 万亿元，占国内生产总值（GDP）比重达到 36.2%，对 GDP 增长的贡献率为 67.7%。数字经济结构持续优化升级，产业数字化增加值占数字经济比重达 80.2%，在数字经济发展中的主引擎地位进一步巩固，向高质量发展迈出新步伐。

根据农业农村部资料，近年来，在政府的大力支持下，我国智慧农业发展快速。首先，农村网络基础设施建设得到加强，截至 2020 年 6 月，我国农村地区互联网普及率为 52.3%，较 2020 年 3 月提升 6.1 个百分点，城乡地区互联网普及率差异日益缩小。"互联网＋现代农业"行动取得了显著成效。

全国 21 个省市开展了 8 种主要农产品大数据的试点，通过完善监测预警体系，每日发布农产品批发价格指数，每月发布 19 种农产品市场供需报告和 5 种产品供需平衡表，实现了用数据管理服务，引导产销；以山东、河南等为代表的全国 18 个省市开展了整省建制的信息进村入户工程，全国三分之一的行政村（约 20.4 万个村）建立了益农信息社，农村信息综合服务能力不断提升；广东、浙江等 14 个省市开展了农业电子商务试点，在 428 个国家级贫困县开展电商精准扶贫试点，电子商务进农村综合示范工程已累计支持了 756 个县，农村网络零售额达到 1.25 万亿元，农产品电商迈向 3000 亿元大关。

"十三五"期间，农业农村部在全国 9 个省市开展农业物联网工程区域试点，形成了 426 项节本增效农业物联网产品技术和应用模式。围绕设施温室智能化管理的需求，自主研制出了一批设施，如农作物环境信息传感器、多回路智能控制器、节水灌溉控制器、水肥一体化等技术产品，对提高我国温室智能化管理水平发挥了重要作用。我国精准农业关键技术取得重要突破，开发了天空地一体化的作物氮素快速信息获取技术，可实现省域、县域、农场、田块不同空间尺度和作物不同生育时期时间尺度的作物氮素营养监测；研制的基于北斗自动导航与测控技术的农业机械，在新疆棉花精准种植中发挥了重要作用；研制的农机深松作业监测系统解决了作业面积和质量人工核查难的问题，得到大面积应用。

要看到的是，近年来我国农村信息服务体系加快完善，线上线下融合的现代农业加快推进，但仍存在基础设施薄弱、人力资源缺失、政策落实不到位等问题。同时，当前以大数据、物联网、云计算、人工智能等为代表的信息技术成为新一轮科技革命和产业变革的主导，为农业信息化带来了新的发展机遇，要求信息时代的智慧农业必须具备数字这个关键生产要素。面对信息化发展新动态，提速农业信息化，实现智慧农业"弯道超车"，成为大势所趋。

7.2 大数据和区块链：提升脱敏后区块链数据的价值和使用空间

区块链不仅能降低交易成本，更重要的是可以为农业产业重新赋能，提升产业链的数据价值，提升产业链效率。目前，我国农业大数据虽然取得了长足进步，但基础仍相对薄弱，特别是农业农村的数据比较分散、体系复杂，无法形成有效整合，急需一个大数据平台来整合，以便逐步实现农业全产业链的数据化和电子化，最终形成有价值的农业大数据，应用到农业的产业场景中。

区块链被公认作数字化转型中的底层基础设施，数据是大数据应用的基础生产要素，如果能够将区块链与大数据技术融合，覆盖数据确权、交易、保护、流通等诸多场景，势必突破当前的产业瓶颈，实现数据脱敏，提升区块链数据的价值和使用空间。在大数据行业快速发展的今天，大数据面临着诸多的困境，而区块链技术是破解这些困境的重要手段，二者的结合可以加快智慧农业的落地实施，促进农业发展。

在大数据行业中，用户都是被动贡献数据，隐私缺乏保障。当前互联网环境中，"马太效应"已经初步显现，大量用户数据掌握在少数巨头企业当中，形成数据孤岛，用户数据使用缺乏透明度，数据滥用、隐私侵犯的案例屡见不鲜，用户基本丧失对自身数据的话语权。在实际应用中，由于缺少数据确权手段和估值模型，数据交易缺乏依据，数据资产价值主要受质量、应用和风险三个因素影响，而在实际评估数据资产的价值时，不光要综合衡量数据真实性、完整性、准确性等质量因素，还要考虑数据在实际应用场景下的应用价值，甚至考虑法律限制、道德标准等因素，极易出现人为干预的情况。

面对大数据发展的困境以及农业领域的具体实践，区块链技术能够提供破解方法。首先，区块链技术通过可信时间戳、身份戳，能够将数据变成唯一可交易的有价值资产，实现数据确权，用户将完整地拥有对自身数据使用的自主决策权，让个人在保证公平、全程透明的基础上和值得信任的企业进行数据交易，既能满足用户享受大数据服务的需求，又能够规避隐私泄露风险，提升数据安全性。其次，区块链技术通过标准化、规范化，实现数据脱敏，将处理后的数据上链操作解决数据标准化问题，并根据数据实际内容客观评估脱敏数据的价值。最后，区块链技术可构建经政府许可的多方可信网络，技术服务商、数据提供商、数据交易中介、监管部门都可作为节点参与到网络当中，任何一笔交易都将经多方验证后成立，保障数据交易的公平性，同时交易不可篡改且可追溯的特性，也为后续维权、定责提供完整证据链条，建设可良性循环的大数据交易生态。

区块链与大数据的融合能够促进跨机构间的数据共享，前所未有地让人、设备、商业、企业与社会各方更高效地协同起来，降低各方的信任成本，大幅提高商业和社会运转的效率，增强价值的流通。同时，两者的融合也为区块链技术向各个垂直领域深耕提供了便捷的途径，真正突破区块链"样板工程"困境，为产业融合带来新的血液。

区块链技术与大数据可以在三个层面进行合作，提升大数据的应用价值。

第一个层面，将区块链作为一种单纯的技术融入大数据采集和共享，打破数据孤岛，形成一个开放的数据共享生态系统，这将是未来农业大数据发挥价值的关键。而区块链作为一种不可篡改的、全历史记录的分布式数据库存储技术，在强调透明性、安全性的场景下自有其用武之地，会驱使相关利益方，特别是政府或者行业联盟，推动打破相关利益者的数据孤岛，形成关键信息的完整、可追溯、不可篡改以及多方信任的数据汇总，让数据资产化，挖掘释放数据价值。

第二个层面，将区块链作为数据源接入大数据分析平台，区块链的可追溯性使得数据从采集、整理、交易、流通以及计算分析的每一步数据记录都被留存，使得数据的质量获得前所未有的强信任背书，保证数据分析结果的正确性和数据挖掘的有效性。区块链技术可以通过多签名私钥、加密技术、安全防护等多种信息化技术，只让那些获得授权的人访问数据。

数据统一存储在去中心化的区块链或者依靠区块链技术搭建的相关平台中，在不访问原始数据情况下进行数据分析，既可以对数据的私密性进行保护，又可以安全地提供社会共享。

第三个层面，区块链作为万物互联的基础设施支持大数据全生命周期，作为一个去中心化的网络平台，区块链可以包含全社会各类资产，让不同的交易主体和不同类别的资源有了跨界交易的可能性。在这个价值网络中，不但可以进行传统的商品或服务等商业活动，还可以做非商业的资源分享。而区块链技术保证了资金和信息的安全，并通过互信和价值转移体系，达成了在此前无法完成的各种交易和合作。区块链既成为各类经济活动的基础设施，又是各类数据产生的源头。区块链不仅可以从技术层面提供不易篡改的数据，而且提供了不同来源、不同角度和维度的数据。

就区块链与农业大数据的具体应用实践而言，随着信息进村入户工程的进一步推进，政务信息化的进一步深入，农业大数据采集体系的建立，如何以规模化的方式来解决数据的真实性和有效性，这将是全社会面临的一个亟待解决的问题。

以区块链为代表的技术对数据真实有效不可伪造、无法篡改的要求，现有数据库是无法满足的。农业生产、流通、消费三大环节的信息不对称、地域等限制导致农产品供需不平衡现象严重，运输与维护成本高，产品质量保证与回溯机制下的信息真实性与有效性，农民生产资金筹集困难背后的农业信用抵押机制匮乏等诸多问题，大数据与区块链的结合为上述问题的解决提供了方法与思路。

为保证数据的真实可靠，在线上线下形成闭环，通过物联网收集海量的数据，运用大数据和人工智能进行分析，最后的数据放在区块链平台上，区块链实现信息的公开透明、不可篡改，建立公平信任机制。区块链技术可以满足产业链上所有人的知情权，选择自己信任的农产品；让采购商通过对种植过程以及大数据分析，选择信任农户；农户也可以根据市场需求来生产农产品，提供信用证明获得资金，实现供需双方的信息对称，促进农产品销售，提升消费者满意度。

7.3　云计算和区块链：快速低成本地进行区块链开发部署

在智慧农业领域，云计算的应用已经较为成熟。云计算是基于互联网相关服务的增加、使用和交付模式，通常涉及通过互联网来提供动态易扩展且经常是虚拟化的资源。云计算是一种按使用量付费的模式，这种模式提供可用的、便捷的、按需的网络访问，进入可配置的计算资源共享池，这些资源能够被快速提供，只须投入很少的管理工作，或与服务供应商进行很少的交互。云计算是分布式计算、并行计算、效用计算、网络存储、虚拟化、负载均衡等传统计算机和网络技术发展融合的产物。云计算包括 IaaS、PaaS、SaaS 三类，从 IaaS 到 SaaS 越来越接近"傻瓜"式软件，利于用户直接使用。技术革新对硬件使用效率提升和成本降低更多体现在 IaaS 层面，SaaS 则是在享受硬件改善的基础上，通过降价（年费方式降低使用门槛）的方式扩大了市场。

云计算通过互联网来提供动态易扩展且经常是虚拟化的资源，是一种以数据和处理能力为中心的密集型计算模式，但也面临着一些技术问题。区块链是一个分布式账本数据库，是一个信任体制，而云计算则是一种按使用量付费的模式。从定义上看，两者好像没有直接关联，但是区块链作为一种资源存在，具有按需供给的需求，也是云计算的组成部分之一，两者之间的技术是可以相互融合的。区块链的众多优势使其可以很好地解决云计算所面临的瓶颈问题，利用这些优势和传统云计算技术相结合，将促进基于区块链的分布式云计算领域的一些突破和应用，为大规模的应用打下基础。

就云计算（见图 7-2）与区块链的融合使用而言，云计算服务具有资源弹性伸缩、快速调整、低成本、高可靠性等特质，能够帮助中小企业快速低成本地进行技术和平台的应用，实现区块链开发部署。从应用开发方面来讲，云计算与区块链的融合是利用云计算已有的基础服务设施，按照实际问题的需求进行调整，符合系统和平台对区块链的要求。区块链技术的去中心化、匿名性以及数据不可篡改等特征与云计算的长期发展目标不谋而合，从存储的形式来说，云计算内的存储和区块链内的存储都是由普通存储介质组成，不同的是云计算内的存储作为一种资源一般采用共享的方式，由应用来选择；而区块链里存储的价值不在于存储本身，而在于相互链接的不可更改的区块，是一种特殊的存储服务。

图 7-2   云计算

区块链与云计算的融合具有三个优点。一是更安全，区块链是一个去中心化的网络，分散在不同位置的计算机上，存储在分散式云上的数据从分散到多个单独节点（具有分片）受益，所以不容易受到攻击，从而保障数据安全性；二是无中心管理，在区块链环境中，云计算服务器价格将由市场需求决定，并且会根据有多少供应商而波动；三是高可用性，云计算和区块链的结合能够依赖节点（即使是数百个节点）来维护系统的完整性，只要节点对维护网络保持兴趣，以及克服云存储最大的问题之一——安全性，就可以提高可用性。

区块链与云计算的融合使得企业可以利用云计算已有的基础设施，通过较低的成本快捷地在各个领域进行区块链开发部署。云计算可以利用区块链的去中心化、不能篡改的特性，解决制约云计算发展的"可信、可靠、可控制"三大问题。此外，基于区块链的分布式云计算基础设施将允许按需、安全和低成本地访问最具竞争力的计算基础设施，分布式应用程序则可以通过分布式云计算平台自动检索、查找、提供、使用、释放所需的所有计算资源，如应用程序、数据和服务器等。通过简化访问服务器的方式，分布式云计算大大降低了数据中心的能源损耗，同时使得数据供应商和消费者更容易获得所需的计算资源。

基于区块链的分布式云计算的技术不仅仅存在于理论中，众多采用这些技术的应用项目如 Golem、cSONM、iExec 等已取得一些进展。Golem 希望建立在以太坊上的去中心化的 GPU 计算资源租赁平台；cSONM 正在打造通用的去中心超级计算机；法国区块链技术公司 iExec 为所有计算资源相关的供应商（计算服务商、数据供应商、应用程序供应商）提供了一个资源共享交易的可信平台。该平台融入了独有的贡献证明共识协议和最新的安全可信技术来确保可信度和数据的安全性，支持从高性能计算到物联网在内的多个领域的应用程序，促进区块链与分布式云计算的融合。

7.4　物联网和区块链：区块链系统共识机制的支撑

在我国智慧农业中，物联网设施应用较为广泛，实时采集的数据是农业大数据、实施精准农业的支撑基础。我国农业物联网应用也存在一些问题，包括农业物联网设备的组网模式依然是以中心化为主要特征，各个设备之间的互动互连不足，物联网的传输速度相对较慢，并且运维成本高，因此较慢的速度和高昂的成本成为物联网设备大规模推广使用的障碍。物联网实现了物物相连、人物相连，但是物联网的信任机制尚未完全建立，更多实现的是数据传递而非价值传递。全球物联网连接数预测如图 7-3 所示。

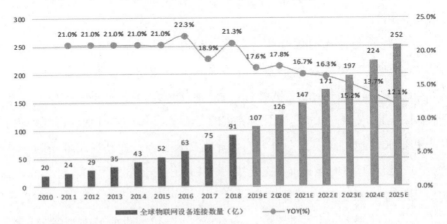

资源来源：GSMA，国盛证券

图 7-3　全球物联网连接数预测

万物互联时代，数据价值将越来越受到重视，随之而来的是对终端身份验证、隐私保护、数据可信等特性提出了新的要求。据 GSMA 预测，2025年全球物联网连接数将达到 252 亿。在物联网时代，要确认海量的终端身份信息、确保终端采集数据真实可信、从终端角度保护网络数据安全，从而进一步挖掘数据价值，开发更多的智能应用场景。

从世界发展趋势看，物联网龙头纷纷开始布局区块链。根据 Forrester Wave（物联网软件平台）的报告显示，IBM、PTC、GE 和微软已成为物联网平台市场的主导企业。SAP、AWS、Cisco、LogMeln、Exosite、Ayla Networks 和 Zebra Technologies 名列前 11 名。对于排名靠前的物联网平台龙头企业，除了美国参数技术公司（PTC）没有实质披露区块链相关项目以外（该公司发布了很多区块链相关的文章），IBM、微软、亚马逊和 SAP 都在各自的云平台上提供区块链服务，为未来海量的物联网设备接入提供弹性资源池做了超前布局。GE 和 Cisco 更多地关注设备的标识和存证问题。

区块链的数据防伪、可追溯的特点与物联网结合，将催生更多的智能应用场景，充分挖掘并释放数据价值。物联网作为线下应用场景数据前沿抓手，其核心痛点在于数据的真实性和安全可信的执行环境，而区块链正是为数据（包括设备信息）提供确权和安全保障的数据库技术；两者在场景中的结合，将使得物联网终端在身份验证、数据确权的情况下挖掘智能应用，提升物联网设备的价值，激活物联网终端的"智慧"，能在溯源、存证、供应链等诸多产业应用中发挥关键作用，推动产业数字化转型，加快农业物联网的价值提升。

万物互联时代，数据价值越发重要，物联网与区块链的融合创新将成为新的行业趋势。区块链技术利用物联网终端设备安全可信执行环境，可以将物联网设备可信上链，从而解决物联网终端身份确认与数据确权的问题，保证链上数据与应用场景深度绑定，提升数据价值。区块链能够确保数据安全与隐私保护，物联网络完成身份验证、访问授权。把区块链运行机制作为数据市场确权和交易的市场规则，能够解决数据隐私"痛点"，使得数据市场的规范交易成为可能，是物联网由数据采集向场景应用深度融合的基础。

　　根据国盛证券研究，随着物联网与区块链融合的优势凸显，全球物联网企业纷纷布局区块链技术。物联网业务解决方案接近过热期顶峰，急需通过新技术与企业系统进一步集成，优化决策体系。区块链技术的产业应用日趋成熟，将进入高速发展阶段，与物联网相融合的优势逐渐凸显。

　　物联网与区块链的融合创新将成为物联网行业新的探索方向（见图7-4）。二者具有各自的优势和特点，区块链独特的加密特性使得链上数据具有防篡改、可溯源的特点，物联网实现了海量数据的低成本获取，区块链与人工智能结合也将加速数据要素市场化进程，带来数字时代新商业模式的更多可能。区块链无法解决链下场景与链上数据的深度绑定、源头数据辨伪问题，无法保障源数据的真实可靠，而源数据是区块链技术发挥作用的基石。广泛分布的物联网终端是场景数据的重要来源，但如何管理物联网终端，使得每一个终端都具有源头防伪、数据可验证、可追溯，使得终端成为网络中可辨别、身份独立的节点，是物联网网络数据价值释放的一个突出的痛点。

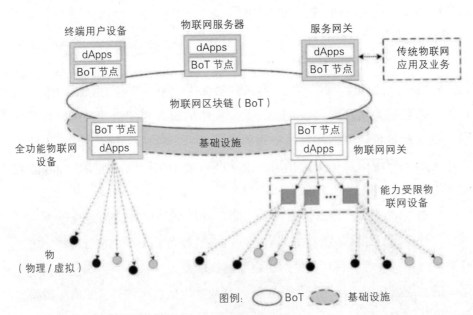

资料来源：《"物联网＋区块链"应用与发展白皮书》

图7-4　基于区块链的物联网业务平台

物联网和区块链之间的交集主要在云端，一方面，基于从物联网设备采集到的数据，通过软件方法实现物联网数据上链。然而如果物联网终端设备的硬件底层架构上尚未部署可信数据上链能力，那么从终端设备源头产生的数据仍可能存在被篡改的风险。另一方面，仅仅作为数据采集的抓手，终端还不能成为独立可以验证的身份，进而阻碍其向智能化演进。

区块链＋物联网会遇到以下四个方面的挑战：①在资源消耗方面，IoT设备普遍存在计算能力低、联网能力弱、电池续航短等问题。首先，比特币的工作量证明机制（PoW）对资源消耗太大，显然不适用于部署在物联网节点中，可能部署在物联网网关等服务器里。其次，以太坊等区块链2.0技术也是PoW+PoS，正逐步切换到PoS。分布式架构需要共识机制来确保数据的最终一致性，然而，相对中心化架构来说，对资源的消耗是不容忽视的。②在数据膨胀方面，区块链是一种只能附加、不能删除的数据存储技术。随着区块链的不断增长，IoT设备是否有足够存储空间？③在性能瓶颈方面，传统比特币的交易是7笔/秒，再加上共识确认，需要约1小时才能写入区块链，这种时延引起的反馈时延、报警时延，在时延敏感的工业互联网上不可行。④在分区容忍方面，工业物联网强调节点"一直在线"，但是，普通的物联网节点失效、频繁加入退出网络是司空见惯的事情，容易产生消耗大量网络带宽的网络震荡，甚至出现"网络割裂"的现象。

对于应用挑战，从区块链的角度来看，可以从以下四个方面进行突破：①对于资源消耗，可以不使用基于挖矿的、对资源消耗大的共识机制，使用投票的共识机制（例如PBFT等），减少资源消耗的通知，还能有效提升交易速度，降低交易时延。当然，这种方式在节点的扩展性方面会有一定损耗，这需要面向业务应用进行权衡。②对于数据膨胀，可以使用简单支付交易方式（SPV），通过默克尔树，对交易记录进行压缩。在系统架构上，支持重型节点和轻型节点。重型节点存储区块链的全量数据，轻型节点只存储默克尔树根节点的256哈希值，只做校验工作。③对于性能瓶颈，已经有很多面向物联网的区块链软件平台做了改进。例如，IOTA就提出不使用链式结构，采用有向非循环图（DAG）的数据结构，一方面提升了交易性能，另一方面也具有抗量子攻击的特性。Lisk采用主链-侧链等跨链技术进行划区划片管理，在性能方面取得了不少突破。④对于分区容忍，针对可能存在的网络割裂，可以选择支持链上链下交易，尤其是离线交易，并在系统设计时支持多个 CPS 集群。

　　具体到智慧农业领域而言，区块链技术能够解决农业物联网的应用难题，首先，块链的去中心化模式能够减少物联网服务器的运行压力，并且通过设备自我管理方式降低运营成本。其次，块链的共享式账本能够记录农产品生长流通销售全过程的数据，保证网内数据的公开、不可篡改和共同认可。再次，区块链是建立在算法和代码之上，也是区连块共识机制的核心和基础，因此，在这个基础上建立的共识机制更易成为网内用户共同信任和遵守的准则。最后，通过区块链的条链式结构，可以建立比较健全的农产品溯源机制，保证溯源数据的完整、准确和可信。

　　物联网业务和设备可以通过智能合约来存储和访问物联网数据，区块链通过设置数据安全与隐私保护策略，使得只有获得约定许可的物联网设备和业务可以访问并处理约定数据。同时，对于未获许可的物联网设备和业务，它们全部（或部分）可以存储加密的物联网数据，但无权进行解密和使用。物联网与区块链相结合，有利于数据的收集、存储和管理，同时利用区块链数据上链后不可篡改的特性，实现了数据确权，使得物联网终端可以有效地进行数据处理。

　　除了在技术上对农业物联网提升，区块链的另一个用途是对经济方式的改造。农业物联网采用区块链技术最大的优势在于能够提供去信任中介的直接交易，通过智能合约的方式制定执行条款，当条件达到时，合约能够自动交易并执行。这种方式可以产生很多应用场景，比如物联网设备除了监控农业生产，还有一个重要产出，即监控数据，这是农业大数据分析、农业模型构建、农业智能控制的重要基础。监控数据在通证经济中被认为是有价值的资产，通过区块链技术，可以设计智能合约，当物联网生成一条监控数据，就自动给予农户一定的代币奖励，鼓励农户保障物联网设备的良好运转，形成正向激励，这将有效提升农户使用物联网设备的意愿。此外，物联网和区块链的结合将使这些设备实现自我管理和维护，省去了以云端控制为中心的高昂的维护费用，降低互联网设备的后期维护成本，有助于提升农业物联网的智能化和规模化水平。

7.5 人工智能和区块链：提高智能设备的用户体验和安全性

人工智能（见图 7-5）是研究、开发用于模拟、延伸和扩展人的智能的理论、方法、技术及应用系统的一门新的技术科学。人工智能是计算机科学的一个分支，以了解并开发智能为目标，旨在生产出一种新的能以人类智能相似的方式做出反应的智能机器，该领域的研究包括机器人、语言识别、图像识别、自然语言处理和专家系统等。

图 7-5 人工智能

人工智能可以对人的意识、思维的信息过程进行模拟。人工智能不是人的智能，但能像人那样思考，也可能超过人的智能，实现智能的跨越式发展。

在智慧农业领域，人工智能的应用尚在初级阶段。人工智能是提高生产力的工具，人工智能系统通过在大量无规则不相关的数据中发现数据之间的相关性，寻找到更多的规律和关联，可以极大提高单点效率和系统效率。同时，人工智能与业务逻辑结合，可以在业务逻辑的约束和支撑下，实现更加纵深、更大容量、更加快速的计算，在此基础上拓展出更加广阔的可选择空间，提供更接近最终目标的路径选择方案，实现效率的极大提升。

区块链与人工智能的融合，既需要对区块链的体系结构进行改变和扩展，也需要对人类智能系统的数据存储、数据传输、数据处理方式进行改变。这是人工智能系统由单一智能系统向分布式智能系统的扩展。区块链系统与人工智能应用的融合，不仅会继续在整体上提高系统效率，而且也将改变区块链单点效率低下的问题，由单点效率提升向协同式多点效率提升方向改进。

人工智能和区块链技术能很好地结合在一起，互相促进提升。区块链上的数据本质上是高度安全的，这要归功于其归档系统中固有的加密技术。这意味着，区块链是存储高度敏感的个人数据的理想选择，如果处理得当，这些数据可以为人们的生活带来巨大价值和便利。但是输入到这些系统中的数据是高度个性化和非标准化的。人工智能在安全性方面也有很多可供讨论的地方。人工智能的其中一个新兴领域就涉及构建能够在仍处于加密状态时处理（处理或操作）数据的算法。因为数据处理过程中涉及未加密数据的任何部分都会带来安全风险，减少这些事件可能有助于事情更加安全。

区块链可以帮助人们跟踪、理解和解释人工智能所做的决定。人工智能所做的决定，有时会令人难以理解。这是因为它们能够独立地评估大量变数，并"学习"哪些变数对它所要完成的整体任务是重要的。例如，人工智能算法预计将被越来越多地用于决定金融交易是否具有欺诈性，以及是否应加以阻止或调查。不过，在一段时间内，仍有必要对这些决定进行审核，以确保决策的准确性。

人工智能可以比人类更有效地管理区块链。人工智能是一种试图摆脱这种蛮力的方法，以更聪明、更有思想的方式来管理任务。试想当一个破解代码的人类专家在整个职业生涯中成功地破解了越来越多的代码时，他们将如何变得更好和更有效率呢？显然，区块链和人工智能是两种技术趋势，虽然这两种技术在其自身权利上具有突破性进展，但当它们结合在一起时，有可能变得更具革命性。

区块链与人工智能融合的契合点，一是从区块链角度，扩充区块链系统所能容纳的数据容量，扩展数据维度；二是从人工智能角度，构建分布式智能，建立分布式协同。实际上这也是未来区块链发展的方向。

扩充区块链的数据容量和数据维度，需要对区块链系统数据的存储方式进行改变，可以采用以下解决办法。一是实现链上数据和链下数据的分布式存储，将大部分数据存储在链下，以云计算或边缘计算，或 IPFS 的方式实现传统关系型数据库和目前大数据系统数据的链下分布式存储，同时将这些数据的哈希值存储在链上，也能够从技术手段上保证数据的不可篡改、不可伪造。二是对大量的链下数据，由原来的单中心化存储，变为多中心的分布式冗余一致性存储，这样既可以节省空间和带宽，也可以实现链上链下数据的不可篡改、不可伪造。

从人工智能角度，要实现分布式智能，就需要实现对人工智能应用系统中计算节点与数据存储节点的分离。一个方面是改变目前人工智能系统，尤其是大型和巨型人工智能系统建立在大数据或云数据基础上的数据存储结构，让每个计算节点从遍布全网的数据存储节点中建立自己的智能系统；二是多个节点协同完成同一个人工智能任务。这两者都将极大丰富目前人工智能的处理模式。

人工智能和区块链的投资趋势是由区块链引发的，因此一定不是人工智能领域单边的需求，因为那样的话就会回归人工智能领域的投资逻辑。我们需要探索交叉领域给双边带来的机遇，以及创造全新的机会。人工智能市场并不是一片蓝海，BAT 等巨头公司资源、技术优势非常明显。初创企业在长尾众包市场机会可能大一些。比如未来去中心化的算法交易市场可能更易落地，用物质奖励来刺激机器学习专家开发模型，性能最好的模型会获得更高比例的收益。要让去中心化的人工智能市场起作用，就需要运用各种安全计算技术，包括联合学习等，保证个人和公司提供的任何模型参数都能以完全私密的方式来处理。

人工智能的深脑链（见图 7-6）通过智能合约在交易平台上进行算力交易，运用动态计算协同计算节点，利用闲置计算资源降低成本。算力分配模式采用竞争部署挖矿，优点是节点分散、去中心化程度高。

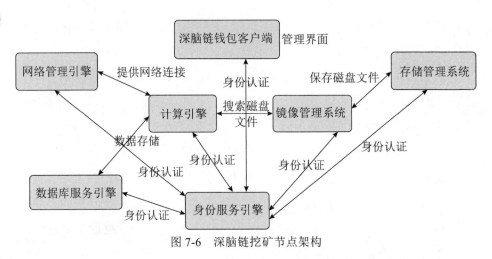

图 7-6 深脑链挖矿节点架构

将区块链与人工智能结合应用在农业领域后，农用智能遥感技术、智能果蔬分拣设备、智能植保机械、智能施药机、智能除草机器人、果实采摘机器人等人工智能技术和人工智能设备将会更多地取代人力资源，农业资源的配置、规划和使用也将更加合理和高效，单位土地面积的产出率和优产率将会大大提高。

人工智能技术主要依靠大量的数据和算法。经过一定时间的机器学习和深度学习实现，数据越安全可信，时间序列越长，人工智能技术就越成熟，同时人工智能使用也非常依赖于机器与人之间的信任机制，区块链上的数据安全、透明、不可篡改，为人工智能的学习和训练提供了可靠的数据来源，同时区块链基于算法和技术的信任和共识机制，也为智能设备的互信提供了依据和保障。

7.6 基于区块链技术的融合应用

区块链与人工智能、大数据、云计算、物联网等信息技术相互促进，融合发展，开创更大价值空间，加快新兴技术商业落地应用。

作为新一代信息技术之一的区块链，与云计算、物联网、人工智能等技术融合将会带来更大发展机遇。云计算具有低成本、快速调整、高可靠性，能够帮助中小企业在短时间内以低成本部署区块链；大数据具备数据存储和分析技术，可以提升区块链的数据价值和使用空间；下一代移动通信网络发展，传输速度不断加快，区块链数据可以达到极致同步，提高区块链性能，拓展区块链应用范围；区块链的去中心化特征为物联网中的设备提供自我治理的方法，实现分布式物联网去中心化控制；基于区块链的人工智能可以设定有效、一致的设备注册、授权及完善的生命周期管理机制，有利于提高人工智能用户体验和安全性。

2020年，区块链列在我国"新基建"计划中，是未来我国基础设施的代表，它与云计算、人工智能、大数据、物联网共同组成数字经济基础，为数字经济发展提供技术支撑和现实基础，营造数字产业的良好生态环境（见图7-7）。这表明，区块链不只是应用，而且是基础设施，它将影响到操作系统、数控、网络和存储。借力"新基建"，我们应尽快推动区块链在农业农村领域的布局和实施，同时也为5G基建、大数据中心、人工智能等技术提供应用场景链接。

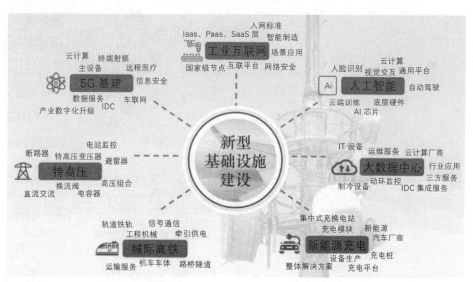

资料来源：东方证券

图7-7 我国新基建的七大领域

智慧农业是复杂的软硬件系统应用，通过前沿数字技术与装备的综合应用，自动、精准、高效地收集、提取并加工农业大数据，让各类数据"孤岛"相互联通，借助图像视频识别、深度学习与数据挖掘等人工智能方法，快速获取多种信息知识，实现农业优质高效、生态友好的高质量发展。据《我国智慧农业行业市场深度调研及 2017—2021 投资商机研究报告》显示，以应用为基础的智慧农业市场有望在 2022 年达到 184.5 亿美元的规模，年均复合增长率 3.8%。因此，快速推进农业信息化进程，促进信息化和现代化融合发展已成必然趋势。

　　智慧农业既是我国农业产业化的发展思路和方向，也是各种技术综合应用的结果，实现农业的智慧控制、智慧生产、智慧决策。随着智慧农业的规模化发展，诸如数据获取、挖掘、安全，可靠性、网络安全和诚信等问题也会随之产生。这些既是影响智慧农业健康快速发展的重要因素，也是区块链的用武之地和优势所在。

　　区块链在智慧农业发展过程中将起到两方面的作用，首先，它将和大数据、云计算、物联网、人工智能等技术一样，成为智慧农业发展的核心支撑技术；其次，区块链还可以起到信息安全、价值传递、建立安全机制等作用，不仅可以保障智慧农业的健康快速发展，还可以构建智慧农业发展的新机制，因此，充分开发区块链的核心功能和应用，是智慧农业发展的一项重要内容，也是智慧农业未来发展的必然方向。

第 8 章

区块链技术在农业产业应用的其他经典案例

2019 年以来，中国区块链产业处于蓬勃发展期，从中央到地方有关区块链发展的指导意见和扶持政策不断发布，多省市把区块链纳入发展数字经济的规划中，大力推进区块链应用落地。目前，我国区块链产业链条已经形成从上游的硬件制造、平台服务、安全服务，到下游的产业技术应用服务，再到保障产业发展的行业投融资、媒体、人才服务，各领域的公司已经基本完备，协同有序，共同推动产业不断前行，国内区块链应用生态正逐渐建立健全，在农业产业领域有着丰富的应用案例。

8.1　在农业生产中的应用

8.1.1　应用内容

2018 年 10 月，由袁隆平团队研发的"耐盐碱水稻"（俗称"海水稻"）借助华为的农业沃土云平台在青岛城阳区试种成功。华为农业沃土云平台依托区块链技术，利用信息技术对农业生产进行定时定量管理，根据农产品的生长情况合理分配资源，实现农业精细化、高效化、绿色化。

我国现有耕地 18 亿亩（一亩约 667 平方米），与之对应难以耕种的盐碱地则高达 15 亿亩，在这种背景下，为了拓展农田面积，提高产出率，"海水稻"应运而生。由于不同地区的盐碱地情况不同，海水稻在不同地区栽种都需做出相应的调整，在这背后涉及植物生长调节素、土壤定向调节剂的调整。农业沃土云平台是华为智慧农业生态圈和"农业沃土"技术平台生态圈项目的组成部分，围绕我国亿亩盐碱地稻作改良以及全球土地数字化产业发展的战略需求，以袁隆平院士团队"四维改良法"技术体系、华为"沃土"计划为依托，致力于创建智慧农业 4.0 全球联合创新中心，借助区块链技术，联合打造"农业沃土"技术平台和生态圈，带动产业链上下游资源整合，实现产业聚集发展，促进全球农业数字化转型，积极占领我国和全球智慧农业市场，引领技术创新和市场开发。

华为农业沃土云平台依托区块链技术进行打造，实现了海水稻生产过程各节点数据的分布式存储、交叉验证，保证数据的真实有效，是一套集成了传感器、物联网、云计算、大数据的智能化农业综合服务平台，整合了上游传感器供应链、下游农业管理应用商等强势资源，为盐碱地稻作改良事业、全产业生态圈和智慧农业的发展，提供平台化、标准化和共享化的服务。农业沃土云平台包括 GIS 信息管理系统、大数据 AI 分析决策支持系统、土壤改良大数据管理系统、精准种植管理系统、精准作业管理系统、病虫害预警诊断管理系统、智慧农业视频云管理平台、农业云计算中心、指挥调度服务中心等，能够实现农业生产环境的智能感知、智能预警、智能分析、智能决策、专家在线指导，为农业生产提供精准化种植、可视化管理、智能化决策，实现"从土地到餐桌"的全过程质量追溯体系。

农业沃土云平台（见图 8-1）实现了区块链技术与物联网、云计算与农业大数据等信息化手段的集成应用，该平台根据设定的时间间隔采集空气温度、空气湿度、大气压力、土壤温度、土壤湿度、光照、风速风向、降雨量等环境数据，并自动生成变化曲线图，通过过程线直观掌握种植基地气象变化情况，指导农业生产，同时为积温、积光等数据分析提供数据支撑。系统还提供天气预报配置工具，可显示本地连续四天的天气预报情况，为科研生产用户及时安排农事操作、科研管理，提供气象信息参考。该平台对各个分基地的光、温、pH 值、盐度、碱度、氮磷钾、重金属、有机质含量、株叶形态、生长态势、地下排水管的流量流速、排盐量等进行监控，实现对农业生产的全方位监控，并对农机的状态、位置、作业信息同样进行监控，实现对农机的管理和调度控制，除此之外还可对虫情信息、病菌孢子进行采集和监控，构建病虫害诊断预警系统，从而实现实时监测、精准控制，快速响应，提升海水稻的种植管理水平，控制病虫害的影响，提高种植的精细化水平。

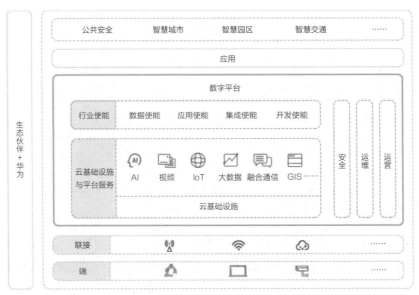

资料来源：华为农业云

图 8-1　华为农业沃土云平台的架构

　　依托区块链的分布式解决方案，农业沃土云平台是一个"物理分散、逻辑集中、资源共享、按需服务"的分布式云数据中心，主要由分布式云平台、云管理、云存储和大数据基础平台系统构建，可实现将物理分散的数据中心资源进行逻辑统一管理，形成融合资源池，融合资源池通过分布式管理能力，将分布在多个数据中心的计算、网络、存储等资源统一进行管理和池化，实现灵活的资源调度策略（见图 8-2）。

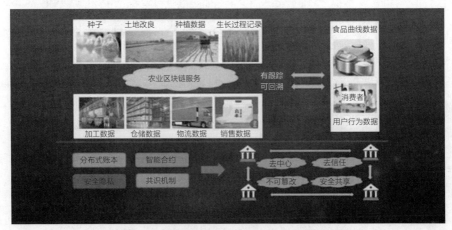

图 8-2　华为沃土云平台的农业区块链服务

8.1.2　应用效果

依托华为的区块链技术解决方案，袁隆平的"海水稻"团队首次在我国五大主要类型盐碱地上同时进行"海水稻"试种并结合四维改良法进行盐碱地稻作改良的示范，在盐碱地上建设了数字化高标准的稻田。根据资料显示，袁隆平"海水稻"团队在 2018 年的收割测评中，青岛市城阳区海水稻基地每亩产量为 261.39 千克，当日同步进行的喀什基地测产结果为每亩产量为 549 千克，大庆基地测产结果为每亩产量为 210 千克，而在 9 月底的延安南泥湾基地测产更是取得了亩产 636.6 千克的好成绩。

华为农业沃土云大数据平台已建立首个农业私有云，未来将陆续在山东济南、陕西延安、新疆喀什、海南三亚等多地建立数据云平台，构建物理分散、逻辑集中、资源共享、按需服务的分布式数据中心。农业基础库将存储全面的盐碱地数据，农业主题库可供盐碱地稻作改良研究所、海水稻研发中心、华为、合作伙伴等多方一起挖掘农业大数据价值，构建农作物生长、生产、数字化诊断模型，分析农田盐碱地状态和趋势，实现水土肥药循环和植物生长智能化控制，病虫害及时识别应对；基于数据底座整合各类农业数据，为应用提供数据服务。该项目在 2018 年西班牙巴塞罗那全球智慧城市博览会中，荣获智慧城市大奖创意奖提名。

8.2　在农业供应链中的应用

8.2.1　应用内容

海尔卡奥斯物联生态科技有限公司成立于 2017 年 4 月，负责工业互联网平台运营和推广，其业务涵盖工业互联网平台建设和运营、工业智能技术研究和应用、软硬件集成服务（精密模具、智能装备和智能控制）等业务板块，为企业提供提质增效、资源优化配置和大规模定制模式转型等服务，提供开放的平台建设和平台运营解决方案，为政府提升区域行业竞争力，共同为用户创造美好生活体验和终身价值。海尔 COSMOPlat 能够直接连接用户，让用户全流程、全周期地参与到生产制造的流程中，通过规模化生产和高效供应链管理，实现大规模与个性化定制之间的融合。

海尔 COSMOPlat 平台用工业大规模定制模式赋能农业转型升级，依托区块链技术打造农业物联网生态平台——海优禾（见图 8-3），提供"智慧农业 + 健康生活"的数字化管理解决方案。线上定制健康生活，线下创新智慧农业，通过线上线下虚实联动结合，助力农业供给侧结构性改革，闭环解决食品安全问题，实现从土地到餐桌零距离。

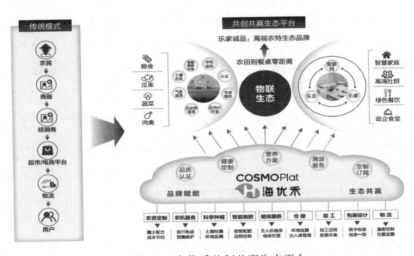

图 8-3　海优禾共创共赢生态平台

依托区块链技术，COSMOPlat 平台包括智慧农业平台、B2B 平台、通用数据平台、数据应用平台、一键下单套件和物联网溯源套件（见图 8-4）。其中，智慧农业平台是通过对农田增加物联网设备，实现对农田的远程监测；B2B 平台主要为农业企业展示农产品、发布供求信息及交易使用；通用数据平台包含商户管理、会员管理、订单管理等功能；数据应用平台为平台各利益相关方提供接口服务，将其数据信息打通，实现与 COSMOPlat 农业物联网平台无缝连接；一键下单套件可实现用户在前次购买记录的基础上，实现一键下单场景；物联网溯源套件可实现农产品从用户到农田的全流程、透明过程追溯。

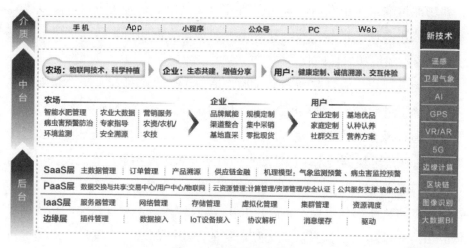

图 8-4　海优禾平台架构

金乡大蒜示范基地是海优禾区块链 COSMOPlat 平台（见图 8-5）的首个样板基地。针对金乡县原产地品牌价值缺失、农民利益受损、品质无法保证的行业痛点，利用区块链技术，通过构建金乡大蒜新生态，打造差异化解决方案。基地攸关各方利益最大化，实现蒜农增产增收，蒜企周转效率提升，当地政府实现地域品牌增值。对于用户端，不仅可规模定制金乡生产、安全可溯源的大蒜产品，而且通过与平台交互得到一种健康生活解决方案。

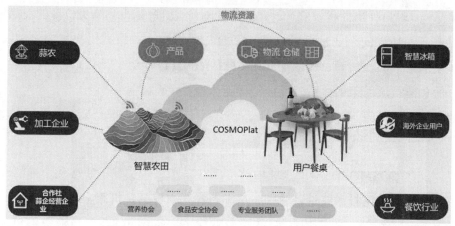

图 8-5　基于区块链的海优禾 COSMOPlat 平台

在山东金乡大蒜示范基地，海优禾将生产和流通所有环节整合至农业生态平台内。用户从下订单开始，可以全程跟踪产品的生长、仓储、深加工和物流运输，实现溯源跟踪。而通过平台对用户需求的反馈，金乡大蒜示范基地还实现了产品创新，开发出大蒜油、大蒜口香糖等新产品，提高了产品的附加值和农民的收入。

海优禾一端连农场基地，另一端连消费者。在基地端，平台帮助农民实现遥感监测、农资采购、土壤改造、检测认证、专家服务等科学种植服务。专家可通过平台的物联网技术，采集土壤成分、降水量、农作物生长环境等数据，通过区块链技术，保证数据的真实有效、不可篡改和交叉验证，指导适宜的灌溉及施肥等。在确保基地内部各项安全管理措施到位的情况下，要保证产品从基地到餐桌，还需经过48项农残检测，层层把关，品质有保障。在消费者端，平台提供可交互定制的健康产品解决方案。用户通过海优禾小程序或智能生鲜柜即可下单购买新鲜果蔬，而平台根据用户大数据，整合需求，快速定制健康套餐。此外，用户还可实时查看蔬菜的全流程溯源信息，促进资源方销量提升。

与电商模式不同，海优禾基于大规模定制模式，实现直接触达用户，让消费需求倒逼生产端，形成订单化生产和定制化服务，推动产品的创新和生产方式的升级，形成二次需求或者长期服务的闭环。"人单合一"模式借助区块链技术，使农产品省去了从农户到用户的中间环节，提升了农产品品质。农户种出的优质农产品得到相应对价，用户也得到物美价廉的商品。农产品深加工的企业也可以在这一平台与用户交互，根据用户需求定制深加工的农产品。此外，海尔还利用COSMOPlat资源为一千亩示范田提供统一的包装、流通运销体系以及征信认证体系。

8.2.2　应用效果

海尔COSMOPlat借助企业内部全部互联网工厂实现不断迭代、持续升级，借助区块链技术打造了建陶、房车、农业、模具、机床、教育、服装、食品加工、纺织、职业教育等15类行业生态，汇聚了3.3亿户消费用户、390多万家研发、生产、物流、金融等工业生态资源，覆盖全国七大中心，包括山东半岛经济带中心、长三角一体化中心、京津冀中心、粤港澳大湾区中心、长江经济带中心、川渝经济带中心、关中平原经济带中心，覆盖全国 12 个区域，并在 20 个国家进行了复制推广。

在赋能农业场景中，海尔 COSMOPlat 已汇聚了 280 多个品类高端农特产品，服务基地 120 多万亩，成为全球引领的物联网智慧农业、诚信农业的标杆。海尔 COSMOPlat 平台把工业大规模定制"以用户体验为中心"的思维复制到农业，让农产品从田间地头与用户餐桌实现零距离。对农民来说，卖得多、卖得快、卖得赚，实现优质优价，增产增收；对用户来说，一键定制，健康安全，解决了农民和用户的痛点问题。

8.3 在农业金融服务中的应用

8.3.1 应用内容

东软集团和置粮科技合作开发了基于区块链的农业金融服务平台——农金保，旨在推进区块链在农村土地确权、农业金融保险、农产品溯源、粮食供应链的落地应用和模式创新，破解我国"三农"金融供给不足、风控监管难、产销衔接难、溯源难等问题。该平台充分发挥了区块链的不可篡改、可追溯、可信任等优势，融合土地流转、农资供应、农业生产、粮食流通等场景，实现产销对接更高效、金融保险更智能、产业数据可追溯、信用体系更完善的目标。

区块链的金融服务平台农金保的参与方包括地方政府、农产品交易结算中心、合作社、商业银行、保险、物流等，核心系统包括农产品交易中心和农业区块链平台，农业区块链平台是底层支撑平台，实现了各平台的数据共享、相互监督。

农金保平台能够实现农业产业链的整体监控、数据采集，充分发挥区块链技术的价值。第一，采集农户基础信息、地块信息、信贷记录，实现记录上链，通过平台完成土地流转合同备案，粮食加工企业通过平台完成订单预约、交易；第二，农业经营主体与平台签订农业订单，电子合约打包后加盖时间戳上传区块链系统，得到全网相应权限下的节点认可；第三，农业经营主体通过区块链系统向银行提交订单对应的"农资产品＋农耕服务"融资申请，同时购买保险，促进农业经营主体的发展；第四，农金保平台借助区块链技术支持的征信系统，对农业经营主体进行相应评价，筛选优质经营主体开展业务，银行、保险、担保等金融机构对平台备案的土地流转＋订单合约展开批量授信，提供金融服务；第五，农业经营主体通过平台购买生产资料、托管服务，并将资金使用、农服数据实时上传至区块链系统，有记账权限的节点通过相关机制确认交易信息有效性后，打包形成区块向全网广播，其他金融机构实现实时查看、监控资金使用情况；第六，实现农业产业链中生产过程数据、采收数据、流通数据和销售数据实时存储于系统中，方便各参与方随时关注农产品现状；第七，交付阶段，委托运输物流企业进行运输，通过物联网GPS定位全程实时监控物流仓储状态；第八，验货后，区块链系统启动智能合约，农金保平台启动智能合约，实现向银行支付货款，并在扣除贷款和利息后，通过银企系统将剩余款项转至经营主体账户，整个流程由农金保平台的智能合约控制，验货完成就是执行智能合约的触发点。

农金保平台能够实现与政府现有的各类种植平台、养殖平台、金融机构、政府部门业务系统、无人机平台等通过区块链进行数据共享，各参与方提供区块链节点接入到区块链网络，节点之间使用P2P网络进行账本数据传输。业务系统通过部署在区块链节点上的接口调用智能合约，实现对区块链账本数据的访问。

农金保平台中的区块链管理子系统与其他系统实现协调运营，保障数据安全有效。农金保平台的研发落地是我国农村产权交易领域首次引入区块链技术开展的合同签署及电子备案存证应用，解决了当前农村土地流转混乱、监管困难、信息不对称等问题，并通过盘活土地经营权等农村资源要素，打破农村金融困局。同时，通过平台真正将金融与农村管理、农业生产经营服务相关业务场景对接起来，记录农产品从种植、管理到收获、储运、加工、交付各环节状态，打通了农户、合作社、农资、农服、金融、物流、贸易以及政府部门全程流转链路,对于破解我国"三农"金融供给不足、风控监管难、产销衔接弱、农民增收滞缓等痛点难题,加快我国农业现代化进程具有重要现实意义。

农金保具有以下三方面的优势与创新点:

- 农金保平台是基于区块链技术搭建完整的农村普惠金融技术解决方案。该平台能够记录和更新从种植、管理到采收、仓储、加工、销售等各环节状态,打通农户、合作社、农资、农副、金融、物流、贸易以及政府部门全程流转链条,低成本解决信任与价值难题,扩大农村金融整体覆盖范围,提高涉农风险的监控、评价、预警和持续监控,整合政府、金融机构、企业、行业组织等优势资源,实现区块链平台与产业相关系统的融合发展,推动区块链规模化产业化发展。
- 在我国农村产权交易领域,农金保平台首次使用区块链技术,开展合同签署及电子备案存证应用。农金保平台解决了农村产权交易的一系列问题,合理记录并保证土地流转交易的真实性、唯一性和有效性,盘活土地经营权等农村资源要素,促进农村金融的发展,加快农村产业提升。
- 农金保平台的应用场景丰富,构建了面向农业供应链的应用技术体系。农金保平台应用了加密算法、共识机制、智能合约、区块链数据等一系列关键技术,实现众多信息技术的融合发展。

8.3.2 应用效果

农金保的区块链技术解决方案已在土地流转交易、农业生产融资、农产品大宗交易等业务场景实现了成功落地,自主研发取得相关软件著作权 23 项,与华夏银行、中国人保、雷沃重工等多家行业头部企业达成合作,启动了齐齐哈尔市农产品交易结算中心等一批政府项目试点。后续公司将继续深入聚焦农业供应链各环节发展难题,加快突破农业领域核心金融科技,实现以新技术、新业态、新模式加快推进农业农村高质量发展,为国家乡村振兴、脱贫攻坚战略的实施贡献力量。

截至 2020 年 5 月,农金保平台实现累计成交量 267 万吨,成交额 50 亿元,注册会员数达到 70 万人,供应链金融服务规模达 1 亿元以上。农金保平台通过对农业产业链、价值链、供应链等各环节的深度改造,提升农业效率,使得整体成本降低 10% 以上，实现农产品产销对接，对促进农业产业提升，提高农产品价格，助力产业扶贫和乡村振兴。农金保平台服务 2200 家以上的涉农小微企业，借助产业链数据、信用评价和区块链智能合约，开展有针对性的供应链金融服务，降低了金融机构风险，解决了企业资金需求，实现传统粮贸企业资金周转次数增加一倍，实现了产业链的效率提升。

8.4　在农产品追溯中的应用

8.4.1　应用内容

2019 年 7 月，在云南省人民政府主办的 2019 年首届"数字云南"区块链国际论坛上，基于区块链技术研发的云品荟绿色溯源平台正式对外发布。

近年来，云南立足发展实际，乘势而上，抢抓数字经济发展历史机遇，加快数字政府、数字经济、数字社会建设，全力打造"数字云南"。随着一系列政策文件的发布，"数字云南"总体框架基本形成。"一部手机游云南""一部手机办事通""一部手机云品荟"等项目建成运营，"一部手机"系列品牌逐步形成，先行先试取得阶段性成效。"一部手机"系列是在云南数字经济建设背景下重点打造的项目。云品荟主要以商务为主，尤其是依附于云南富饶的土特产品，把土特产品做好，如何实现云南农特产品优品卖优价是云品荟的主要课题。

云品荟绿色溯源平台（见图 8-6）是一部手机云品荟的实现载体，该平台以云茶质量溯源为切入点，提供以区块链技术为基础的解决方案，配合建立标准质量保障体系，为政府农业局、市场监督管理局等各方解决云茶生产监管困难问题。为云茶消费者提供真实可信的信息查询渠道，帮助其验证云茶的生产信息，保障云茶公信力，并为企业营造公平竞争、良性健康的法制化经商环境，为云茶企业和合作方提供生产溯源一站式服务平台和供应链金融服务平台，优化企业生产供应链，完善云茶种植生产、检测标准，推动云茶品质升级。

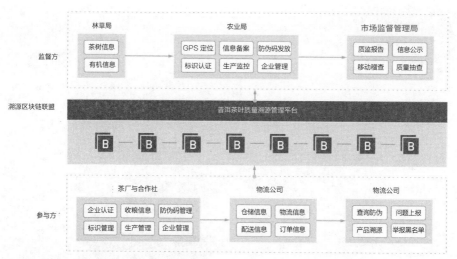

监督方

林草局　　　　　农业局　　　　　市场监督管理局

| 茶树信息 | | GPS定位 | 信息备案 | 防伪码发放 | | 质监报告 | 信息公示 |
| 有机信息 | | 标识认证 | 生产监控 | 企业管理 | | 移动稽查 | 质量抽查 |

溯源区块链联盟

普洱茶叶质量溯源管理平台

参与方

茶厂与合作社　　　　　物流公司　　　　　物流公司

| 企业认证 | 收粮信息 | 防伪码管理 | | 仓储信息 | 物流信息 | | 查询防伪 | 问题上报 |
| 标识管理 | 生产管理 | 企业管理 | | 配送信息 | 订单信息 | | 产品溯源 | 举报黑名单 |

资料来源：趣链科技

图 8-6　基于区块链的云品荟绿色溯源平台架构

在云品荟绿色溯源平台的建设过程中，对厂商来说，溯源系统往往单方面自建，上下游企业之间信息不连通，导致供求不平衡和产品质量问题无法准确追责；对政府来说，由于缺乏透明的监管信息支撑，导致无法进行有效的业务协同，执法效率低下；对消费者来说，缺乏来自具有政府机构或监管部门的权威认证溯源信息。基于上述农产品追溯中遇到的种种问题，云品荟绿色溯源平台首先通过区块链技术打造了一个政府部门、生产企业、销售企业、质检单位以及金融机构共同参与的公共溯源链，形成了数据互通的溯源联盟，使溯源系统不再归属于某个企业、个人或者机构。

云品荟（见图 8-7）作为云南省特色电商平台，其可穿透式监管的溯源体系，可为消费者提供可信的溯源信息，可为政府提供便捷的监管平台，可为企业产品提供高品质的背书。同时，通过区块链技术的加持，扩大了电子商务进农村的覆盖面，加强了村级电商服务站点建设，推动农产品进城、工业品下乡的双向流通。云品荟绿色溯源平台的溯源有两方面作用，一是曝光、威慑、监管劣质产品，二是筛选优质产品，让优质产品具备价格优势，形成良性循环。

图 8-7　云品荟电商平台界面

区块链工信部重点实验室联合相关企业牵头成立了区块链绿色溯源工作组，与工信部绿色溯源工作组达成战略合作，打造云南怒江州绿色溯源系统，助力云南省区块链技术产业应用落地和推进"数字云南""绿色经济强省"建设，推动云南省数字经济产业发展，形成品质优、品牌强的云南特色产品生产供给体系，而云品荟可以称得上该体系的试金石。

以云品荟绿色溯源平台为基础，云品荟打造"1+1+4"云南电子商务试点县新模式，形成一体化服务方案，助力农产品上行。"1+1+4"是指"一个平台、一个联盟、四个关键点"，"一个平台"即云品荟平台，是电子商务直供和农产品供应链综合服务平台；"一个联盟"是"云南电子商务服务商联盟"；"四个关键点"是"理货、建仓、开店、上网"，以县域为单位，全面梳理农特产品体系，建立产品库，建设电子商务中心仓，完善仓储物流配送服务，建设"云品荟"直营店、加盟店，开展农特产品展示与销售，推动农特产品进入线上线下销售网络，促进产品销售。其中，平台以"产品库+公共服务+营销渠道"的运作机制，实现专业的人做专业的事，种植农户专心搞种植；销售人才专心销售，提高效率；县域公共仓发货，实现根据订单从公共仓里发货，保证品质；最前一公里，在村里有服务中心；

县域建公共仓，省里建云品荟平台，直抓货源；商家选货，让商家以更高的标准帮助消费者选取优质商品；对商家赋能，云品荟为商家提供品牌、渠道等，帮助商家做强做大。

8.4.2 应用效果

云品荟作为云南省特色电商平台，借助可穿透式监管的溯源体系，为消费者提供可信的溯源信息，为政府提供便捷的监管平台，为企业产品提供高品质的背书。同时，通过科技企业区块链技术的加持，扩大了电子商务进农村覆盖面，加强了村级电商服务站点建设，推动农产品进城、工业品下乡的双向流通，促进农业高质量发展，加快乡村振兴战略落地实施。

区块链溯源平台可以搭建全链路可交叉验证、可穿透式监管的溯源体系，从而链接云品荟和办事通，为消费者提供可信的溯源信息，为政府提供便捷的监管平台，为企业产品提供高品质的背书。区块链的供应链金融服务平台可以打造可信高效的信用评价体系，从而链接云品荟和云企贷，为云企贷提供全周期可信的生产、加工、仓储、检测、物流、销售数据，以方便其利用金融风控模型进行授信，为云品荟商家提供灵活便捷的金融服务。

8.5 在农产品品牌中的应用

8.5.1 应用内容

2018 年，黑龙江五常市政府与阿里巴巴旗下天猫、菜鸟、阿里云及蚂蚁金服达成合作，五常大米将引入蚂蚁金服区块链溯源技术。用科技和智慧物流帮助五常大米溯源、保鲜，首次进行全国分仓销售，以缩短配送时间，消费者可登录网站并通过手机查看所购大米的物流和种植信息。

五常大米是"我国地理标志产品"，全国闻名、颇受好评，平均年产量只有 70 万吨。但是全国各地以五常大米之名销售的米却远远高于这个数据。市场上绝大部分五常大米都是由杂牌米再加上香精熏出来的。这种模仿不仅欺骗了消费者，而且侵犯了五常大米的权益，损害了五常大米的品牌形象和价值。

借助蚂蚁金服区块链溯源技术，五常大米天猫旗舰店销售的每袋大米都有一张专属"身份证"。用户打开支付宝扫一扫，就可以看到这袋米从具体的"出生"地，用什么种子，施什么肥，再到物流全过程的详细溯源记录。

这一张张"身份证"的背后是一个联盟链，它的分布式网络部署在包括旗舰店大米生产商、五常质检局、物流供应商菜鸟裹裹和天猫平台在内的参与节点之间。联盟链上的参与主体为五常大米生产商、五常质量技术监督局、菜鸟物流、天猫，这是一张完全透明的"身份证"，每个参与主体都会在"身份证"上盖一个"戳"，所有"戳"都不可篡改，全程可追溯。参与主体之间的"戳"彼此都能看到，彼此能实时验证，盖一个假"戳"是个不明智的选择，因为这个假"戳"和其他"戳"的信息对不上。

区块链 + 五常大米品牌总体结构如图 8-8 所示。

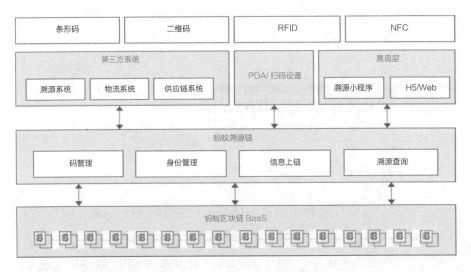

资料来源：蚂蚁金服

图 8-8　区块链 + 五常大米品牌总体结构

蚂蚁金服区块链的食品安全溯源不仅仅依靠区块链技术，而是实现了区块链和物联网技术的融合，二者的融合应用也是智慧农业的大势所趋，这次合作就是技术与技术之间的握手。五常假大米，主要假在真米掺杂假米再卖出去。五常市政府为此已经在利用物联网技术，将大米种植地、种子和肥料信息实时录入系统，以严格把控和追查大米总产量。如今，这一系统成为该联盟链的一个节点，从而实现从种植到物流的全流程溯源。

8.5.2　应用效果

随着区块链技术在五常大米中的具体应用，五常大米的价值不断得到释放和提升。在具体应用中，五常市质检部门负责在源头对大米进行质量检测，并实现"一检一码"，质检合格的大米由专人激活溯源码，菜鸟与合格大米企业直接对接，采取上门取货的方法，把大米直接送到菜鸟在全国七大区域的仓库，实现智能分仓，避免重复调拨，通过计划协同减少跨仓发货，改变一地发全国的长距离配送方式，把原来 3 ～ 7 天的配送时间缩短到 2 天以内。仓储和配送环节的入库、出库、运货车牌等信息也实时对消费者可见，确保五常大米安全可靠、原汁原味。